LED显示屏应用
（初级）

组　编　西安诺瓦星云科技股份有限公司

主　编　宗靖国　王　栋　姜安国

副主编　罗　鹏　韩　丹　余振飞

参　编　陈建涛　马保林　齐瑞征　杜长磊

　　　　韩小杰　楚鹏飞　李康瑞　蒋宇翔

　　　　罗志星　熊晓波　杨　柳　叶　宁

　　　　左林儒　刘　琨　马艳红　秦玉芳

　　　　张　君

电子工业出版社

Publishing House of Electronics Industry

北京·BEIJING

内 容 简 介

本书是《LED 显示屏应用职业技能等级证书》的系列配套教材之一，内容对应《LED 显示屏应用职业技能等级证书》的初级证书标准。本书内容涵盖了 LED 显示行业的背景、发展历程、性能参数介绍、常用术语及接口类型介绍等基础知识，着重讲解了显示屏的构成、控制系统的基本架构、常见控制器及接收卡类型，以及 LED 显示屏相关基础计算，最后介绍了同步控制系统和异步控制系统的基础调试及常见问题排查，真正使读者"从 0 到 1"掌握 LED 显示屏的基础应用。

本书适合作为职业院校相关专业学生的入门教材，也适合 LED 显示屏行业的初学者及兴趣爱好者阅读和学习。

图书在版编目（CIP）数据

LED 显示屏应用：初级 / 宗靖国，王栋，姜安国主编. —北京：电子工业出版社，2022.11

ISBN 978-7-121-44478-4

Ⅰ. ①L… Ⅱ. ①宗… ②王… ③姜… Ⅲ. ①LED 显示器－职业教育－教材 Ⅳ. ①TN141

中国版本图书馆 CIP 数据核字（2022）第 199960 号

责任编辑：张 凌　　　　　　特约编辑：田学清
印　　刷：北京捷迅佳彩印刷有限公司
装　　订：北京捷迅佳彩印刷有限公司
出版发行：电子工业出版社
　　　　　北京市海淀区万寿路 173 信箱　　　邮编：100036
开　　本：880×1230　1/16　　印张：11.25　　字数：208 千字
版　　次：2022 年 11 月第 1 版
印　　次：2025 年 2 月第 5 次印刷
定　　价：68.00 元

凡所购买电子工业出版社图书有缺损问题，请向购买书店调换。若书店售缺，请与本社发行部联系，联系及邮购电话：（010）88254888，88258888。

质量投诉请发邮件至 zlts@phei.com.cn，盗版侵权举报请发邮件至 dbqq@phei.com.cn。

本书咨询联系方式：（010）88254549，zhangpd@phei.com.cn。

我国是 LED 显示屏的生产大国，全球超过 80%的 LED 显示屏都是我国生产的。我国也一直是全球 LED 显示屏应用最广泛的市场之一，国内的市场份额约占全球的 60%。随着工艺制程及全产业链技术的发展，LED 显示屏在众多的应用场合已经可以与液晶显示屏、投影机等传统主流显示设备同台竞技。LED 在亮度、色域、对比度等方面由物理属性决定的先天优势，以及用来构建完整显示器的最小单元之间连接方式的高度灵活性，都使得 LED 显示屏已经在越来越多的应用场景中逐步取代了传统的液晶显示屏和投影机。近年来，LED 显示屏行业保持着迅猛的发展势头，上下游产业链的生产制造规模和整个行业的需求规模都在不断扩大，整个产业有望在未来 5～8 年内达到万亿级规模。随之而来的是行业技术人才的严重缺乏，这在一定程度上也制约了 LED 显示屏行业的发展。

《国家职业教育改革实施方案》的出台为众多企业指明了方向。要想从根本上解决行业应用型技术人才的短缺，就应该从源头抓起，将产业需求、岗位特征、行业技能等知识提前融入学校教育阶段，主要面向职业院校，着力培养高素质、高技能的应用型技术人才。为了推动行业需求融入学历教育，解决行业人才供需矛盾，西安诺瓦星云科技股份有限公司获准成为教育部"1+X"证书培训评价组织，联合众多院校开展了"LED 显示屏应用职业技能等级证书"的试点工作，为此专门开发了系列配套教材。全系列配套教材共 7 本，分别是《LED 显示屏应用（初级）》《LED 显示屏应用（中级）》《LED 显示屏应用（高级）》《LED 显示屏校正技术》《LED 显示屏视频处理技术》《光电显示系统设计与实施》《显示系统调试与故障排查》。

本书为系列配套教材中的基础入门教材，是由多位西安诺瓦星云科技股份有限公司的资深工程师结合多年来的行业实践、培训经验及行业实际案例联合编撰而成的。本书所有内容紧扣当前行业的应用场景，能够保证读者和受众将书中所学的内容无缝衔接应用至实际工作中。本书在章节设计上遵循"循序渐进""由浅入深"的原则。结合行业工作者初入行业时的实际经历，要想成为一名合格的行业从业者、技术应用工程师，需要经历以下几个阶段的转变。

从"小白"到"初出茅庐"的转变：从一无所知到能理解行业术语，能够和同行无障碍沟通交流，成为一个"行内人"。这一阶段的内容对应本书第 1 章"LED 显示屏简介"和第 2 章"LED 显示屏的基本结构"的内容。

从"初出茅庐"到"小试牛刀"的转变：通过学习，了解了行业，积累了一定的知识，可以尝试做一些简单的计算、基础的系统调试，使 LED 显示屏能够显示正常的画面。这一阶段的内容对应本书第 3 章"LED 显示屏基础计算"和第 4 章"LED 显示屏基础调试"的内容。

从"小试牛刀"到"轻车熟路"的转变：在能够独立完成 LED 显示屏基础调试的基础上，要求能够掌握其他常用功能的实现、内容播放的设置，并能够做到稳定应用、轻车熟路。这一阶段的内容对应本书第 5 章"控制系统软硬件常用功能操作"、第 6 章"LED 显示屏的同步播放"和第 7 章"LED 显示屏的异步播放"的内容。

从"轻车熟路"到"游刃有余"的转变：在掌握 LED 显示屏基础应用并能够稳定运用的基础上，还要做到举一反三，即能够对 LED 显示屏整个系统进行故障排查，"知其然更知其所以然"，做到游刃有余。这一阶段的内容对应本书第 8 章"常见问题排查"的内容。

希望通过对本书的学习，读者可以对 LED 显示屏应用产生兴趣，成为注入整个行业的"新鲜血液"。行业需要更多的年轻人一起耕耘，市场也需要更多的有识之士一起开拓！期待在未来的某一天，能够在诸如世界杯、奥运会等大型项目现场看到各位的身影，希望各位借着 LED 之"帆"走出校门、走出国门、走向世界！

参与本书编写工作的有宗靖国、王栋、姜安国、罗鹏、韩丹、余振飞、陈建涛、马保林、齐瑞征、杜长磊、韩小杰、楚鹏飞、李康瑞、蒋宇翔、罗志星、熊晓波、杨柳、叶宁、左林儒、刘琨等。

由于编者水平有限，加之时间仓促，书中难免存在不足之处，敬请广大读者批评指正。

编　者

第 1 章

LED 显示屏简介

1.1 LED 显示屏技术基础

1.1.1 LED 的技术发展历史

LED 是 Light Emitting Diode 的英文缩写，其中文名称为发光二极管，LED 独特的光电学特性使其在诸多领域及设备中都有广泛的应用，如各类电器遥控器、设备指示灯、LED 照明和显示等。那么第一只 LED 是怎么诞生的呢？下面就让我们一起来看看 LED 的发展史。

1907 年，英国马可尼（Marconi）实验室的科学家第一次推论出半导体 PN 结在一定的条件下可以发光。这个发现奠定了 LED 被发明的物理基础。

1927 年，俄罗斯科学家独立制作了世界上第一只 LED，其研究成果曾先后在俄国、德国和英国的科学杂志上发表。在后续一段时间内，人们并未意识到它的巨大潜能和应用价值，导致 LED 仅停留在技术层面。

1955 年，美国无线电公司（Radio Corporation of America）的物理学家首次发现了砷化镓（GaAs）及其他半导体合金的红外放射作用并在物理上实现了二极管的发光。由于发出的光不是可见光而是红外线，因此这项研究成果对 LED 的发展具有非常重大的意义。

1961 年，德州仪器（TI）公司的科学家发现砷化镓在施加电子流时会释放红外光辐射。他们率先生产出了用于商业用途的红外 LED，并获得了砷化镓红外 LED 的发明专利。正式商用后不久，红外 LED 就被广泛应用在各类传感器及光电设备中。例如，各类家用电器遥控器的功能就是依靠红外 LED 来实现的。

1962 年，美国通用电气（GE）公司的研究人员发明了可以发出红色可见光的 LED，被称为"发光二极管之父"。当时的 LED 还只能手工制造，而且每只 LED 的售价高达 10 美元。1963 年，该研究人员离开美国通用电气公司，出任其母校美国伊利诺伊大学电机工程系教授，进一步推进了 LED 的科研工作。

1972 年，该研究人员的学生跟随前辈们的脚步发明了第一只橙黄光 LED，其亮度是先前红色可见光 LED 的 10 倍，这标志着 LED 向提高发光效率方向迈出了重要的第一步。

20 世纪 70 年代末，人们已经研制出了红、橙、黄、绿、翠绿等颜色光的 LED，但依然没有蓝光和白光的 LED。当时的技术水平虽然尚不能实现全彩色的 LED 显示，但 LED 的发光效率已得到大幅度提高。20 世纪 70 年代中期，LED 可产生绿、黄、橙光时，发光效率为 1 流明/瓦，到了 20 世纪 80 年代中期，对砷化镓和磷化铝的使用使得第一代高亮度红、黄、绿光 LED 诞生，发光效率已达到 10 流明/瓦。

1993 年，中村修二在日本日亚化学工业株式会社就职期间，利用半导体材料氮化镓（GaN）和铟氮化稼（InGaN）发明了蓝光 LED。在蓝光 LED 出现之前，由于无法通过 RGB 系统合成白光，LED 的光效、亮度也不高，故 LED 无法应用于照明领域。1995 年，中村修二采用铟氮化稼又发明了绿光 LED，1998 年利用红、绿、蓝三种 LED 制成了白光 LED。绿光与白光 LED 的研制成功，标志着 LED 正式进入照明领域，这是 LED 照明发展最关键的里程碑。中村修二因此被称为"蓝光、绿光、白光 LED 之父"。

1996 年，日亚化学工业株式会社在日本最早申报的白光 LED 的发明专利就是在蓝光 LED 芯片上涂覆 YAG 黄色荧光粉，通过芯片发出的蓝光与荧光粉被激活后发出的黄光互补而形成白光的。蓝光和白光 LED 的出现拓宽了 LED 的应用领域，为全彩色 LED 显示、LED 照明等应用提供了技术基础。

到 21 世纪初期，LED 已经可以发出可见光谱上各种颜色的光，也可以显示红外线和紫外线，其发光效率已经达到 100 流明/瓦以上。

▶▶ 1.1.2　LED 显示屏的发展

随着 LED 生产技术的不断更新和发展，人们发现 LED 作为点光源，在同时使用更多数量的 LED 灯珠后，可以作为照明或显示屏使用。在 20 世纪 70 年代，早期发明的 GaP、GaAsP 等红、黄光 LED 开始用于仪器指示灯、显示简单数字和文字等，成为 LED 显示屏发展的最早雏形。由于受生产工艺和成本的限制，LED 显示技术未得到大力发展。

直到 20 世纪 90 年代初期，LED 半导体材料和生产技术日趋成熟，在日本日亚化学工业株式会社发明了蓝光 LED 后，LED 显示屏具备了全彩显示的能力，随后 LED 显示产品逐步出现和进入消费市场。受 LED 显示屏控制技术的限制，当时的 LED 显示屏主要用于显示文字和图片，显示亮度和灰度等级都较低，但 LED 显示屏的易扩展性，使得传统液晶市场的客户意识到了 LED 显示屏巨大的发展潜力。

在 1996 年，原电子部委托蓝通公司制定了《LED 显示屏通用规范》，LED 显示屏真正成了一个独立的行业，行业规范和标准的出现，加速了 LED 行业的发展进程。1998 年，中国光学光电子行业协会成立 LED 显示屏专业委员会，2003 年 1 月正式成立中国光学光电子行业协会发光二极管显示分会，2006 年 11 月变更为中国光学光电子行业协会发光二极管显示应用分会，标志着 LED 行业进入标准化规范化发展。

受 LED 灯珠技术的限制，早期 LED 显示屏主要以单色、双色屏为主，如红色、红绿双色显示屏，多以显示文字和图片为主。单色、双色显示屏如图 1-1 所示。

图 1-1　单色、双色显示屏

到 2000 年左右，基于三基色的全彩 LED 显示屏正式进行了商用，由于显示亮度高、色彩丰富，全彩 LED 显示屏取代了传统传媒使用的广告牌，被安装在城市主干道、十字路口及商业写字楼中，因为出色的显示效果和视觉冲击，全彩 LED 显示屏迎来了高速发展期。全彩 LED 显示屏如图 1-2 所示。

图 1-2　全彩 LED 显示屏示意（北京 2022 冬奥会）

1.1.3　LED 显示屏的应用

LED 显示屏作为一种新型显示载体，由于其独有的优势，被应用到越来越多的场景，主流的应用场景有以下几种。

（1）机场、火车站、汽车站等。由于车站人员流动性大、人数多，成为媒体运营商广告推广的重要场所，LED 显示屏作为展示广告和传播信息的最佳载体之一，已成为现代化机场及车站的标配。车站显示屏如图 1-3 所示。

图 1-3　车站显示屏

（2）舞台、活动现场等。各种室内/室外演艺活动、电视直播、综艺节目等，为了呈现更好的舞台效果，都会将 LED 显示屏作为舞台效果的重要组成部分，绚丽的显示效果和视频特效，直接影响着整个舞台的效果。舞台显示屏如图 1-4 所示。

图 1-4　舞台显示屏

（3）酒店、会议室、学校教室等。为了更加生动地展现宣传视频、工作报告、教学课件等，这些室内场合也安装了 LED 显示屏，以取代传统显示媒介，如投影机、LED 液晶屏等。室内显示屏如图 1-5 所示。

图 1-5　室内显示屏

（4）交通指挥调度中心、军队、电力调度室、城市综合管理平台等。这些场合需要显示多种不同数据，并对它们进行统一调度、统一管理，因此需要使用大屏幕进行展示，LED 显示屏已成为这些场合的标准设施。交通控制调度中心显示屏如图 1-6 所示。

图 1-6　交通控制调度中心显示屏

（5）城市交通诱导、高速公路指示牌等。随着人口和经济的不断发展，我国大城市的道路交通情况愈加严峻，为了实时显示和引导车辆，越来越多的城市在道路上安装了 LED 显示屏。交通诱导显示屏如图 1-7 所示。

图 1-7　交通诱导显示屏

（6）城市繁华的十字路口、商业综合体、写字楼和公园广场等。由于优越的地理位置，这些地点是广告投放的重要场合，LED 显示屏的安装激活了安装现场的活力，成为城市的一道风景。户外显示屏如图 1-8 所示。

图 1-8　户外显示屏

▶▶ 1.1.4　LED 显示屏的特点

经济和技术的发展推动着城市的快速发展，尤其是 2010 年以来，在越来越多的场合都可以看到 LED 显示屏的身影，如写字楼、大型商场、车站、会议室、广场、舞台、指挥中心等。LED 显示屏的迅速发展，足以说明它存在的价值和作用。那么 LED 显示屏有哪些优势和特点呢？下面主要从 6 个方面进行介绍。

（1）亮度高。传统液晶显示屏和投影机等设备的亮度一般为 500cd/m²，而使用高亮度 LED 灯珠的显示屏亮度可达 10 000cd/m²。在这样高的亮度下，LED 显示屏即使在太阳直射情况下也可以显示清晰的画面；即使长期连续使用，其亮度年衰减也不会超过 5%。

（2）高保真。传统显示载体的颜色灰度只有 8bit，即 256 级亮度变化范围，而搭载特定控制系统和驱动芯片的 LED 显示屏，其灰度可达 16bit，即 65 536 级，是传统显示设备的 256 倍，这使得 LED 显示屏可以呈现更多的颜色细节，完全还原显示素材的原始效果，使画面更加生动、绚丽。

（3）可无限扩展。传统液晶显示屏和投影机受技术限制，尺寸有限，难以做到任意扩展。而 LED 显示屏由独立的箱体拼接而成，可根据用户的需求进行无限扩展，同时可拼接成不规则的形状，以满足不同的显示需求。

（4）经济性。LED 显示屏由发光二极管阵列组成，发光二极管具备低功耗的特性，使用时只需要几毫安的电流即可正常工作，比较同等尺寸大小的 LED 和 LCD显示屏，LED 显示屏的功耗为 LCD 显示屏的一半左右，经济效益显著。

（5）可靠性高。LED 显示屏的工作温度范围为-40～100℃，工作电压范围为2.0～3.6V，宽泛的温度范围、较低的工作电压，加上 LED 显示屏独特的结构，使得 LED 灯珠在户外、户内等多种工作环境下均具备较高的可靠性，可常年经受高温、严寒、湿气、盐雾、灰尘等的考验，因此 LED 显示屏非常适合各种商业用途。

（6）寿命长。LED 内部为 PN 结，只要在 PN 结两端施加合适的正向电压，它就会被点亮，功耗非常小，而且发光效率高，能量多以光的形式输出，因此发热量较小。众所周知，对于电子元器件的老化，工作环境热量的大小将直接决定元器件的工作寿命和衰老速度，LED 极小的发热量使得其工作寿命达到 8 万～10 万 h，极大地减少了后期的维护成本。

1.2 常用行业术语

1. 波长

波长是指波在一个振动周期内传播的距离。波长示意图如图 1-9 所示。可见光的波长范围在 400（紫色光）～700nm（红色光）之间。一般情况下，红色光的波长范围为 620～680nm，绿色光的波长范围为 490～570nm，蓝色光的波长范围为 420～490nm。

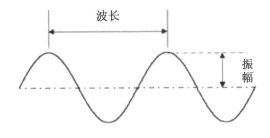

图 1-9 波长示意图

2. 像素

像素是指每单个或多个发光管组成的发光点，是画面上可以被独立控制的最小单元，英文用 Pixel 表示。在全彩 LED 显示屏上，像素由红、绿、蓝三部分组成，每一部分由一个或几个 LED 组成，通过红、绿、蓝的自由组合可以表现出任意颜色。

3. 像素失控率

像素失控率是指在整个显示屏中不受控制的像素点的占比。像素点不受控制通常有以下两种表现：一种是常亮；另一种是不亮。

4. 像素密度

像素密度是指在单位面积内的像素点个数，常见的单位有 PPI（Pixels Per Inch），即每英寸像素数量。在 LED 行业，像素密度通常以 $1m^2$ 内的像素数来衡量。单位面积内像素值越高，屏幕能显示的图像就越精细。图 1-10 所示为像素密度示意图。

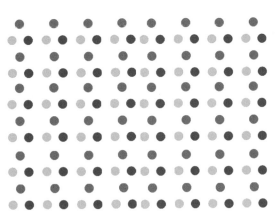

图 1-10 像素密度示意图

9

5. 点间距

点间距是指 LED 显示屏像素与像素之间的中心距离，也称像素间距，单位为 mm，点间距示意图如图 1-11 所示。由于像素的英文为 Pixel，故行业中通常用"P+间距值"表示一块模组的点间距，如"P3"表示该模组的点间距为 3mm。

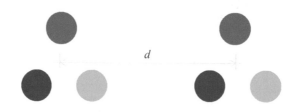

图 1-11 点间距示意图

6. 分辨率

分辨率又称"像素分辨率"，LED 显示屏实际上就是由众多 LED 灯组成的像素阵列，分辨率是指像素阵列中的垂直和水平像素的数量，一般以"像素宽×像素高"的形式来表达，如"800×600"。行业中常见的分辨率有以下几种。

（1）"720p"高清分辨率：1280×720@60Hz（这里的"60Hz"代表帧频，后面会有具体介绍）。

（2）"1080p"高清分辨率：1920×1080@60Hz（其中"p"代表"逐行扫描"，还有"隔行扫描"对应"1080i"）。

（3）全高清（FHD）分辨率：1920×1200@60Hz。

（4）超高清（UHD）分辨率：3840×2160@60Hz（行业中有时也会使用此分辨率代指"4K"分辨率）。

（5）"4K×1K"分辨率：又称"假 4K"分辨率，即 4096×1080@60Hz 或 4096×2160@30Hz（行业中有时也会以 3840×1080@60Hz 或者 3840×2160@30Hz 代指）。

（6）"4K×2K"分辨率：又称"真 4K"分辨率，即 4096×2160@60Hz（行业中有时也会以"UHD"分辨率 3840×2160@60Hz 代指）。

注：后面如果出现以上常见分辨率简称，如"1080p""4K×1K""4K×2K"时参考此处定义，不再单独做解释。

7. LED 模组

LED 模组又称 LED 灯板、单元板等，是应用层面组成 LED 屏体的最小可拆卸单元。

8. LED 显示屏箱体

LED 显示屏箱体是由接收卡、开关电源及模组按照一定规则排列构成的。

（1）LED 显示屏箱体的作用主要表现为以下两个方面。

① 固定效果。对内固定灯板/模组、电源等显示屏元器件，将元器件全部固定在箱体内部，以方便全部显示屏的连接和使用；对外固定框架构造和钢构造。

② 保护效果。保护箱体内的电子元器件不受外部环境的干扰，具有杰出的防护效果。

（2）LED 显示屏箱体的分类如下。

① 箱体材质：常用箱体为铁质箱体，高端箱体也可选用铝合金或不锈钢等材质。

② 防水功用：LED 显示屏箱体可分为防水箱体和简便箱体。

③ 装置类型：LED 显示屏箱体可分为前翻箱体、双面箱体、弧形箱体等。

9. LED 屏体

LED 屏体是一种平板显示器，由一个个小的 LED 模块面板组成，用来显示文字、图像、视频、录像信号等各种信息。

10. 观看距离

对于各种显示器件来说，最佳的观看距离应该是人眼无法分辨出像素的最小距离。对于 LED 显示屏而言，一般情况下，最小观看距离是点间距的 1000 倍，最佳观看距离是点间距的 3000 倍，最大观看距离是显示屏高度的 30 倍。

11. 可视角度

当观察者面对 LED 显示屏时可以看到 LED 显示屏的最大亮度，当观察者向左或向右移动时，看到的屏幕亮度会降低。当亮度值减小到最大亮度值的一半时，此时观察者所处的角度与向反方向移动得到的角度之和，称为水平可视角度。垂直可视角度可用同样的方式测得。水平可视角度与垂直可视角度示意图如图 1-12 所示。

12. 亮度

亮度是指给定方向上单位投影面积上的发光强度，在任何显示设备中都是最重要的参数。其国际单位为坎德拉（Candela），用 cd 表示，单个 LED 的亮度通常用 mcd 表示，即千分之一 cd，把 $1m^2$ 的 LED 亮度加在一起，就得到单位面积亮度，用尼特（Nits）表示，1Nits＝1cd/m²。

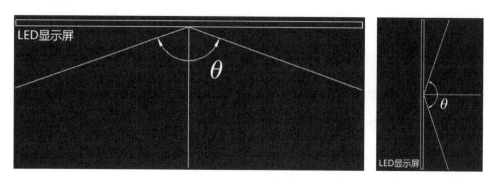

图 1-12　水平可视角度与垂直可视角度示意图

明度：人眼对物体的明暗感觉。发光物体的亮度越高，明度越高。非发光物体反射比越高，明度越高。

13. 伽马

伽马（Gamma）用于表示亮度和输入电压之间的非线性关系。

伽马值曲线：伽马值是灰阶等级与灰阶亮度之间的数学关系，通常以曲线表示，其中灰阶等级为横轴，灰阶亮度为纵轴。因此，通过对伽马值曲线的调整可以改变影像的明暗（亮度）及对比。

14. 灰度

在行业中，显示屏的灰度通常是指一块 LED 显示屏从全黑的状态到最亮的状态这一过程中能够呈现出来的亮度变化，单位为比特（bit）。在日常生活中我们接触到的计算机屏幕的灰度大多为 8bit，也就是说计算机屏幕从最暗到最亮一共能够展示出 2^8=256 级灰度。因此，我们可以想象，针对灰度这个概念，灰度等级越高，画面的图像显示就越细腻，如 10bit 就是 1024 级灰度变化。

事实上，现在大部分 LED 显示屏的灰度都可以做到 13bit 以上，最高可达 16bit。如果我们听到这样的描述"某显示屏的灰度是 14bit"，特指的是该显示屏可以做到 2^{14}=16 384 种变化，但这只是说显示屏自身有能力输出到 14bit 甚至 16bit，实际输出显示效果还要考虑输入的视频源的颜色位深。可以类比一下，有一辆跑车的速度能达到 300km/h，但它的实际行驶速度并不取决于最高速度，而是取决于道路限速，如果道路限速是 80km/h，那么无论它的最高速度是多少，表现出来的实际速度就是 80km/h。目前来说，通常输入源的颜色位深都是 8bit，但 HDR 视频源要求颜色位深能够达到 10bit，因此 HDR 视频能够展现出更多的色彩组合和图像细节内容。

15．饱和度

饱和度是指色彩的鲜艳程度，又称色彩的纯度。饱和度取决于该色彩中含色成分和消色成分（灰色）的比例。含色成分越大，饱和度越大；消色成分越大，饱和度越小。纯的颜色都是高度饱和的，如鲜红、鲜绿。纯色混杂上白色、灰色或其他色调的颜色后，就变为了不饱和的颜色，如绛紫、粉红、黄褐等。完全不饱和的颜色根本没有色调，如黑白之间的各种灰色。饱和度差异对比如图 1-13 所示。

（a）低饱和度　　　　　　　　　　　　　　（b）高饱和度

图 1-13　饱和度差异对比

16．对比度

对比度是指一幅图像中明暗区域最亮的白和最暗的黑之间不同亮度层级的测量，即一幅图像灰度反差的大小，差异范围越大代表对比越大，差异范围越小代表对比越小。一般来说，对比度越大，图像越清晰、醒目，色彩也显得越鲜明艳丽；反之对比度降低，则整个画面都变得灰蒙蒙的。对比度差异如图 1-14 所示，图 1-14（b）展现出了更高的对比度，因此房屋屋顶的颜色层次、山峰岩石的颜色层次、绿植的颜色层次等都显得更加丰富一些。

17．色温

色温是指绝对黑体从绝对零度（-273℃）开始加温后所呈现的颜色，是表示光线中包含颜色成分的一个计量单位。黑体在受热后逐渐由黑变红，然后转黄、发白，最后发出蓝色光。当加热到一定温度时，黑体发出的光所含的光谱成分被称为该温度下的色温。色温条如图 1-15 所示。其计量单位为"K"（开尔文），如果某一光源发出的光与某一温度下黑体发出的光所含的光谱成分相同，则称为"某 K"色温，如 6500K 是人们通常认为的"标准白光"。

（a）低对比度

（b）高对比度

图 1-14 对比度差异

图 1-15 色温条

18. 白平衡

白平衡是描述显示介质中红、绿、蓝三基色混合生成白色精确度的一项指标。在 LED 显示屏中，白平衡的红、绿、蓝三基色典型的亮度比例是 3（红）∶6（绿）∶1（蓝）。白平衡示意图如图 1-16 所示。

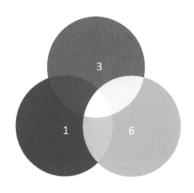

图 1-16 白平衡示意图

19. 色域

色域是指某种表色模式所能表达的颜色构成的范围区域。不同行业对显示的色域要求不同，在 LED 显示行业中通常会听到的色域有 DCI-P3、BT.709、BT.2020、sRGB 等。色域图如图 1-17 所示。

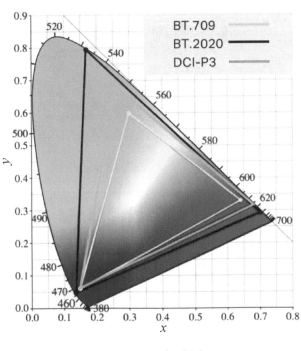

图 1-17　色域图

20．帧频

帧频是指每秒钟放映或显示的帧或图像的数量，也就是 FPS（Frame Per Second）的概念。帧频主要用于电影、电视或视频的同步音频和图像中，帧频越高，画面越流畅。在日常生活中，电影的专业帧频是 24 帧/秒。

21．视觉刷新频率

LED 显示屏的视觉刷新频率定义为：1 秒内显示屏图像完整灰阶呈现的次数。

当 LED 显示屏为扫描显示屏时，若视觉刷新频率严重不足，则人眼可觉察。一般在视觉刷新频率小于 240Hz 时，人眼即可感受到屏幕的闪烁。当使用高速快门相机或摄像机时，非常容易拍摄到由于显示屏刷新率不足导致的黑线。刷新率不足导致拍照黑线如图 1-18 所示。

当 LED 显示屏灰度等级不高时，用相机拍照没有黑线，但会拍出灰度不完整的效果，俗称"汗斑"或"水印"效果。灰度不足导致的"汗斑"效果如图 1-19 所示。

图 1-18　刷新率不足导致拍照黑线

图 1-19　灰度不足导致的"汗斑"效果

通过对控制系统进行升级和改进，可以保证 LED 显示屏同时具有很高的灰阶和刷新率，在高速快门拍摄下依然有非常出色的表现。标准的显示屏拍照效果如图 1-20 所示。

图 1-20　标准的显示屏拍照效果

22. 余辉

扫描屏在实现了高刷新率、高灰阶的效果后，有时会出现非常严重的余辉（也称鬼影、消隐）。在显示屏上打一道高亮斜线，在斜线上方的暗亮点，我们称之为上行余辉；在斜线下方的暗亮点，我们称之为下行余辉。图 1-21 所示为扫描屏余辉现象。

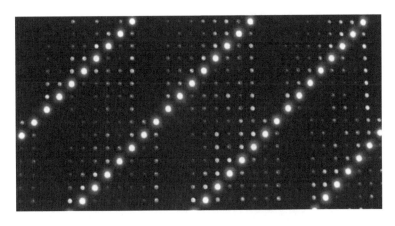

图 1-21　扫描屏余辉现象

消除余辉需要从两个方面入手：

（1）对于上行余辉，要在行线上做放电处理来消除。

（2）对于下行余辉，需要使用带预充电功能的驱动芯片，通过控制系统的配合来消除。目前市面上已经出现了多款带预充电功能的驱动芯片，结合控制系统的时序调整，能有效消除下行余辉。如图 1-22 所示，使用带预充电功能的芯片对行线做放电处理，从显示效果可以看出，结合控制系统的时序调整，即使在非常高的刷新率下也能基本消除余辉现象。

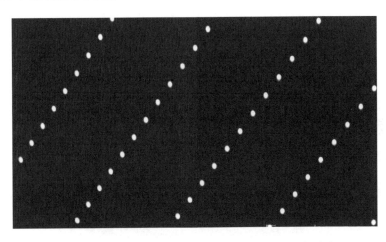

图 1-22　带预充电功能的驱动芯片配合行线放电

23．摩尔纹

摩尔纹是数码照相机或者扫描仪等设备上的感光元件出现的高频干扰，会使图片出现彩色的高频率条纹。摩尔纹是不规则的，所以并没有明显的形状规律。对于相机来说，如果设计时在镜头上安装低通滤波器会有很好的消除摩尔纹效果，但会影响照片锐度；对于扫描仪来说，并无很好的方法解决其上的摩尔纹。几种常见的摩尔纹，如图 1-23～图 1-25 所示。

图 1-23　拍摄液晶显示器出现的摩尔纹

图 1-24　拍摄密集网状座椅靠背出现的摩尔纹

图 1-25　拍摄纤维条纹密集衣物出现的摩尔纹

在实际应用中，我们拍摄 LED 显示屏时也会出现摩尔纹。出现摩尔纹是显示效果不好导致的吗？不是的。简单来说，摩尔纹是差拍原理的一种表现。如果感光元件 CCD（CMOS）像素的空间频率与影像中条纹的空间频率接近，就会出现摩尔纹。

要想减轻和消除摄影中的摩尔纹影响，可以采取以下四种措施。

（1）改变相机角度。由于相机与物体的角度会导致摩尔纹的出现，稍微改变相机的角度（通过旋转相机）可以改变或消除存在的任何摩尔纹。

（2）改变相机位置。通过左右或上下移动相机来改变角度关系也可以减少摩尔纹。

（3）改变焦点。细致图样上过于清晰的焦点和高度的细节可能会导致摩尔纹出现，稍微改变焦点可以改变清晰度，进而帮助消除摩尔纹。

（4）改变镜头焦长。可利用不同的镜头或焦长设定来改变或消除摩尔纹。

1.3　LED 显示屏的分类

1.3.1　按照使用环境分类

1. 户外 LED 显示屏

户外 LED 显示屏的面积较大，一般从几平方米到几十甚至上百平方米，点间距较大（多为 2500～10 000 像素点/m²），发光亮度为 5500～8500cd/m²（朝向不同，亮度要求不同），可在阳光直射条件下使用，观看距离在几十米以外，屏体具有良好的防风、防雨及防雷能力。由于户外环境比较恶劣，因此对于户外模组，要求防水性能要好，一般都会把 LED 模组套进套件后灌胶以起到防水作用。由于户外观看距离较大，因此户外 LED 模组发光亮度较高。户外 LED 显示屏如图 1-26 所示。

图 1-26 户外 LED 显示屏

2. 室内 LED 显示屏

室内 LED 显示屏的面积根据使用环境不同，一般为几平方米到十几平方米，甚至上百平方米不等。由于在室内环境下使用，观看距离较近，所以此类显示屏一般外形设计精美、像素密度（单位面积像素点数量）大、视角大、混色距离近、质量轻、密度大，发光亮度不能太高。室内 LED 显示屏如图 1-27 所示。

图 1-27 室内 LED 显示屏

▶▶ 1.3.2 按照基色分类

1. 单基色 LED 显示屏

单基色 LED 显示屏由单基色模组组成，即每个像素仅由一种颜色或一种基色的 LED 灯珠组成。由于 LED 红灯的波长较长、亮度较高，因此常见单基色模组基本都是以红色为基色的模组。单基色 LED 显示屏主要用来显示文字信息。例如，在银行门口上方安装的门头屏，用于显示当前银行的利率之类的文字信息；还有在柜台上方安装的条屏，用于显示该窗口的功能说明或者排号顺序等。单基色 LED 显示屏应用场景如图 1-28 所示。

图 1-28　单基色 LED 显示屏应用场景

2. 双基色 LED 显示屏

双基色 LED 显示屏由双基色模组组成，一般为红、绿双色，可显示红、绿、黄（红绿混合）三种颜色。双基色 LED 显示屏主要用来显示文字信息，一般通过颜色来区分不同的信息内容。常见的应用有显示飞机航班信息和股票信息等，如显示飞机航班信息时，黄色显示等待的航班信息，绿色显示正在检票的航班信息，红色显示已经停止的航班信息。图 1-29 所示为双基色 LED 显示屏应用场景。

图 1-29　双基色 LED 显示屏应用场景

3. 全彩 LED 显示屏

全彩 LED 显示屏由三基色模组组成，即模组上的单个像素点有红、绿、蓝三颗灯珠，根据光的三基色原理，理论上通过控制三基色 LED 灯的发光强度可以组成任何颜色。它的显示形式多种多样，可以是文字、图片或视频。全彩 LED 显示屏应用场景如图 1-30 所示。相较于单基色 LED 显示屏和双基色 LED 显示屏，全彩 LED 显示屏的显示形式多种多样，可以涵盖目前显示行业的绝大多数领域，是目前应用较广泛的显示屏种类。

图 1-30　全彩 LED 显示屏应用场景

▶▶ 1.3.3　按照工艺分类

1. 直插式 LED 显示屏（DIP）

将带两个金属引脚的 LED 灯珠穿过电路板进行焊接，这种方式称为 DIP（Dual In-line Package），利用这种方式封装的 LED 被称为直插式 LED，如图 1-31 所示。直插式 LED 显示屏由直插式模组构成，该类模组使用的发光源为直插式的灯珠，其优势是发光亮度高、发光角度大、性价比高和封装工艺成熟等。这类灯珠在行业早期使用非常广泛，如今随着行业成熟度逐渐提高，已逐步被淘汰。

图 1-31　直插式 LED

2. 表贴式 LED 显示屏（SMD 封装）

将 LED 灯珠的引脚直接焊接在电路板表面，而不穿过电路板，这种方式称为

SMD（Surface Mount Device）封装，利用这种方式封装的 LED 被称为表贴式 LED，如图 1-32 所示。表贴式 LED 显示屏由表贴式模组组成，该类模组使用的发光源为表贴三合一灯珠，行业的封装工艺也已经相当成熟，现如今表贴三合一灯珠依然是行业主流的灯珠，被广泛应用于 LED 行业各类显示屏。表贴式 LED 显示屏诞生于直插式 LED 显示屏之后，诞生之初大多应用于室内，后续随着高亮表贴 LED 灯珠技术的成熟，也开始广泛应用于户外。

图 1-32　表贴式 LED

3. 板上芯片式 LED 显示屏（COB 封装）

将多个灯珠晶体一次性封装在一个电路板上，这种方式称为 COB（Chip on Board）封装，利用这种方式封装的 LED 被称为板上芯片式 LED，如图 1-33 所示。板上芯片式 LED 显示屏由板上芯片式 LED 模组组成，它是行业内新兴的一种封装工艺，摒弃了行业传统的灯珠封装方式，将发光芯片直接固定在 PCB 基板上。这种封装工艺不但可以使 LED 显示屏的像素点间距更小，而且减少了整个生产的环节，在未来工艺成熟的基础上，可以很大程度地提高整个 LED 显示屏的生产效率和降低生产成本。相对于直插式 LED 显示屏和表贴式 LED 显示屏，板上芯片式 LED 显示屏具有点间距更小、防静电、防尘、防水等技术优势。

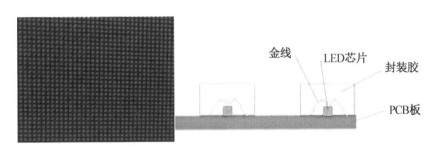

图 1-33　板上芯片式 LED

4. 四合一 Mini-LED 显示屏（IMD 封装）

四合一 Mini-LED 是采用四合一阵列化封装技术，横向和纵向分别使用两颗

LED 灯珠组成的小单元，其中每颗 LED 灯珠依然由 RGB 三色芯片封装而成，行业中称这种封装方式为 IMD（Integrated Matrix Devices）封装。四合一 Mini-LED 如图 1-34 所示。由四合一 Mini-LED 模组组成的显示屏被称为四合一 Mini-LED 显示屏，这种技术是攻克小间距的一个进步。简单来说，SMD 属于分立器件，COB 属于集成封装芯片，而 IMD 则可以理解为一种高速贴片的小型集成封装。不同于 SMD 与 COB，IMD 是集成了两种技术路径优势的新生代产品。

图 1-34　四合一 Mini-LED

▶▶ 1.3.4　按照应用场景分类

1. 固装屏

固装屏是指在指定位置固定安装的 LED 显示屏，在常规使用时都是安装好后不需要再拆卸和移动，因此只需要满足环境和观看要求即可。

2. 租赁屏

租赁屏一般应用于演出、晚会和展览等临时使用的现场，这类 LED 显示屏一般具有拆卸频繁、安装效率要求高、观看即时性强等特点，因此租赁屏防护性好、结构易安装、部件拆装便捷。

1.4　行业常见接口类型

▶▶ 1.4.1　DVI

DVI（Digital Visual Interface）是在 1998 年 9 月，由在 Intel 开发者论坛上成立的数字显示工作小组（Digital Display Working Group，DDWG）发明的一种用于高

速传输数字信号的技术，有 DVI-A、DVI-D 和 DVI-I 三种不同类型的接口形式。DVI-D 只有数字接口，DVI-I 有数字和模拟接口，目前应用主要以 DVI-D(24+1)为主。

DVI 与 VGA 接口都是计算机中最常用的接口，与 VGA 接口不同的是，DVI 可以传输数字信号，不用经过数/模转换，所以画面质量非常高。目前，很多高清电视上也提供了 DVI。需要注意的是，DVI 有多种规范，常见的是 DVI-D（Digital）和 DVI-I（Intergrated）。DVI-D 只能传输数字信号，可以用它来连接显卡和平板电视。DVI-I 不仅能传输数字信号，还可以传输模拟信号，可以和 VGA 接口相互转换。

不同类型 DVI 支持的最高分辨率及传输速率如表 1-1 所示。

表 1-1　不同类型 DVI 支持的最高分辨率及传输速率

DVI 类型	接口	信号类型	最高分辨率	传输速率
DVI-D 单链	DVI-D (Single Link)	数字	1920×1200@60Hz	4.95 Gbit/s
DVI-D 双链	DVI-D (Dual Link)	数字	2560×1600@60Hz	9.9Gbit/s
DVI-I 单链	DVI-I (Single Link)	数字/模拟	1920×1200@60Hz	4.95Gbit/s
DVI-I 双链	DVI-I (Dual Link)	数字/模拟	2560×1600@60Hz	9.9Gbit/s
DVI-A 模拟	DVI-A	模拟	1920×1200@60Hz	—

▶ 1.4.2　HDMI

高清晰度多媒体接口（High Definition Multimedia Interface，HDMI）是一种兼具高清晰数字视频和数字音频传输能力的接口标准，是适合影像传输的专用型数字化接口，可同时传输音频和影像信号，最高数据传输速率为 18Gbit/s，同时无须在信号传输前进行数/模或者模/数转换。HDMI 线是一种全数字位化影像与声音的传输线，可以用来传输未进行任何压缩的音频信号及视频信号。

HDMI 具有体积小、传输速率高、传输带宽宽、兼容性好、能同时传输无压缩音/视频信号等优点。HDMI 示意图如图 1-35 所示。

图 1-35　HDMI 示意图

与 DVI 相比，HDMI 可以传输数字音频信号，并增加了对 HDCP（High-bandwidth Digital Content Protection，高带宽数字内容保护）的支持，同时提供了更好的 DDC 可选功能。利用 HDCP 技术，可在用户对高清信号进行非法复制时进行干扰，降低复制出来的影像的质量，从而实现对内容版权的保护。

HDMI 不同的接口版本对应的传输速率及最高分辨率如表 1-2 所示。

表 1-2　HDMI 不同的接口版本对应的传输速率及最高分辨率

接口类型		图片	传输速率	最高分辨率
HDMI	HDMI 1.1		4.95 Gbit/s	1920×1200@60Hz
	HDMI 1.2		4.95 Gbit/s	1920×1200@60Hz
	HDMI 1.3		10.2 Gbit/s	2560×1600@75Hz
	HDMI 1.4		10.2 Gbit/s	3840×2160@ 30Hz /4096×2160@24Hz
	HDMI 2.0		18 Gbit/s	4096×2160@60Hz

注意：HDMI 线缆长度不建议超过 15m，否则将影响画面质量。

1.4.3　DP

DisplayPort（简称 DP）是一种由个人计算机及芯片厂商联合开发，视频电子标准协会（VESA）进行标准化的数字式视频接口标准。该接口免认证、免授权金，主要用于视频源与显示器等设备的连接，也支持携带音频、USB 和其他形式的数据。作为 DVI 的继任者，DP 将在传输视频信号的同时加入对高清音频信号的传输，同时支持更高的分辨率和刷新率。

　　DP 和 HDMI 一样，DP 也允许音频与视频信号共用一条线缆传输，支持多种高质量的数字音频。但比 HDMI 更先进的是，DP 在一条线缆上还可以实现更多的功能。在四条主传输通道之外，DP 还提供了一条功能强大的辅助通道，该辅助通道的传输带宽为 1Mbit/s，最高延迟仅为 500μs，可以直接作为语音、视频等低带宽数据的传输通道，另外也可用于无延迟的游戏控制。

　　通过主动或被动适配器，DP 可与传统接口（如 HDMI 和 DVI）向下兼容。根据设计，DP 既支持外置显示连接，也支持内置显示连接。VESA 希望笔记本电脑厂商不仅使用 DP 连接独立显示器，还能使用它直接连接液晶显示屏和主板，以方便笔记本电脑的升级。为此，DP 设计得非常小巧，既方便笔记本电脑的使用，也允许显卡配置多个接口。

　　目前 DP 的外接型接口有两种：一种是标准型，类似于 USB、HDMI 等接口，标准型 DP 示意图如图 1-36 所示；另一种是低矮型，主要针对连接面积有限的应用，如超薄笔记本电脑。

图 1-36　标准型 DP 示意图

　　DP 不同的接口版本对应的传输速率及最高分辨率如表 1-3 所示。

表 1-3　DP 不同的接口版本对应的传输速率及最高分辨率

接口类型		图片	传输速率	最高分辨率
DP	DP1.1		10.8 Gbit/s	2560×1600@60Hz/3840×2160@30Hz
	DP1.2		21.6 Gbit/s	3840×2160@60Hz
	DP1.3		32.4 Gbit/s	5120×2880@60Hz/7680×4320@30Hz
	DP1.4		32.4 Gbit/s	7680×4320@60Hz

▶▶ 1.4.4　VGA 接口

VGA（Video Graphic Array）接口，也称 D-Sub 接口，VGA 接口示意图如图 1-37 所示。VGA 接口是显卡上输出模拟信号的接口，虽然液晶显示器可以直接接收数字信号，但很多低端产品为了与 VGA 接口显卡相匹配而采用了 VGA 接口。VGA 接口是一种 D 型接口，上面共有 15 个针孔，分成 3 排，每排 5 个，它可以传输红、绿、蓝模拟信号及同步信号（水平和垂直信号）。

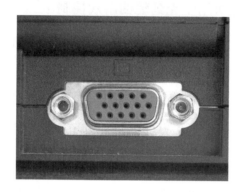

图 1-37　VGA 接口示意图

使用 VGA 接口连接设备，线缆长度尽量不要超过 10m，而且要注意接头是否安装牢固，以免使图像中出现虚影。

各种 VGA 线缆可以支持多种分辨率，范围从 320×400 @ 70 Hz / 320×480 @ 60 Hz（12.6 MHz 信号带宽）到 1280×1024（SXGA）@ 85 Hz（160 MHz），甚至高达 2048×1536（QXGA）@ 85 Hz（388 MHz）。

VGA 接口可以传输红、绿、蓝模拟信号及同步信号（水平和垂直信号）。VGA 接口最早支持 640×480 分辨率下的 16 种颜色和 256 种灰度，或者在 320×240 分辨率下可显示 256 种颜色。之后在此基础上推出了 800×600（SVGA）或 1024×768（XGA）、1280×1024（SXGA）等更高分辨率的扩充的模式，这些模式仍然采用与之前一致的接口插件，即 15 针的梯形插头，用以传输模拟信号。

VGA 接口支持的分辨率如表 1-4 所示。

表 1-4　VGA 接口支持的分辨率

输入/输出分辨率
640×480 @ 60Hz / 75Hz
800×600 @ 60Hz / 75Hz
1024×768 @ 60Hz / 75Hz
1280×720 @ 60Hz / 75Hz

（续表）

输入/输出分辨率
1280×768 @ 60Hz / 75Hz
1280×1024 @ 60Hz / 75Hz　　1280×800 @ 60Hz / 75Hz
1280×960 @ 60Hz / 75Hz　　1360×768 @ 60Hz
1366×768 @ 60Hz　　1440×900@60Hz　　1440×1050 @ 60Hz
1680×1050 @ 60Hz　　160×1200 @ 60Hz
1920×1080 @ 60Hz / 50Hz / 30Hz / 25Hz / 24Hz

目前 VGA 标准对于个人计算机市场已经过时了，但是 VGA 仍然是所有厂商支持的最低标准。例如，无论是哪个厂商的显卡都会支持 VGA 标准显示。

VGA 接口传输的仍然是模拟信号，对于以数字方式生成的显示图像信息，通过数/模转换器转变为 R、G、B 三基色信号和行、场同步信号，信号再通过电缆传输到显示设备中，转换过程的图像损失会使显示效果略微下降。

1.4.5　CVBS 接口

CVBS 的中文全称为"复合同步视频广播信号"或"复合视频消隐和同步"，它是一种比较老的显示方式，CVBS 接口是音频、视频分离的接口，一般由三个独立的 RCA 插头（又称梅花接口、RCA 接口）组成。其中 CVBS 接口连接混合视频信号，为黄色插口；L 接口连接左声道声音信号，为红色插口；R 接口连接右声道声音信号，为白色插口。

CVBS 也是被广泛使用的标准，又称基带视频或 RCA 视频，是美国国家电视标准委员会（NTSC）电视信号的传统图像数据传输方法，它以模拟波形来传输数据。复合视频包含色差（色调和饱和度）和亮度（光亮）信息，并将它们同步在消隐脉冲中，用同一信号进行传输。CVBS 接口目前仍然应用于部分低端摄像机中，对外输出接口一般是 BNC 的形式。

CVBS 接口示意图如图 1-38 所示。

图 1-38　CVBS 接口示意图

29

1.4.6 AV 接口

AV 接口又称 AV 端子、复合端子，是家用影音电器用来发送视频模拟信号（如 NTSC、PAL、SECAM）的常见端子。AV 接口通常采用黄色的 RCA 接口传输视频信号，另外配合两条红色与白色的 RCA 接口传输音频信号，因此又合称为三色线 /红白黄线。AV 接口示意图如图 1-39 所示。

图 1-39　AV 接口示意图

标准视频输入接口，也称 AV 接口，都是成对的白色音频接口和黄色视频接口。它采用 RCA（俗称莲花头）进行连接，使用时只需要将带莲花头的标准 AV 线缆与相应接口连接起来即可。AV 接口实现了音频和视频的分离传输，避免了因为音/视频混合干扰而导致的图像质量下降，但由于 AV 接口传输的依然是一种亮度/色度（Y/C）混合的视频信号，仍然需要显示设备对其进行亮度/色度分离和色度解码才能成像。这种先混合再分离的过程必然会造成色彩信号的损失，色度信号和亮度信号很有可能会相互干扰从而影响最终输出的图像质量。AV 接口还具有一定的生命力，但它本身的亮度/色度混合这一不可克服的缺点导致它无法在一些追求视觉极限的场合中使用。

1.4.7 SDI

SDI（串行数字）是一系列数字视频接口，最早于 1989 年由电影电视工程师协会（SMPTE）提出，并用于广播级视频。

SDI 标准规定了通过视频同轴电缆在产品设备之间传输未经压缩的串行数字视频数据。SDI 信号的数据率很高，因此在传输前必须经过处理。人们常在 SDI 信号中嵌入数字音频信号，也就是将数字音频信号插入视频信号的行、场同步脉冲（行、场消隐）内与数字分量视频信号同时传输。

根据 SDI 的传输速率，SDI 信号标准分为标准清晰度 SD-SDI、高清标准 HD-

SDI、3G-SDI、6G-SDI 和 12G-SDI。SDI 均采用 BNC 接口，SDI 接口示意图如图 1-40 所示，采用同轴电缆进行传输，有效传输距离为 100m。SDI 不同版本接口对应的传输速率及最高分辨率如表 1-5 所示。

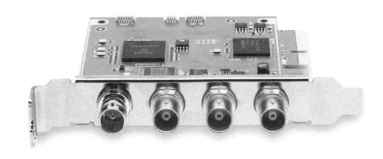

图 1-40　SDI 接口示意图

表 1-5　SDI 不同版本接口对应的传输速率及最高分辨率

标准	名称	发布时间	传输速率	最高分辨率
SMPTE 259M	SD-SDI	1989 年	270Mbit/s	720×480@30Hz（隔行）或 720×576@30Hz（隔行）
SMPTE 292M	HD-SDI	1998 年	1.485Gbit/s	1280×720@60Hz（逐行）或 1920×1080@30Hz（隔行）
SMPTE 424M	3G-SDI	2006 年	2.97 Gbit/s	1920×1080@60Hz
SMPTE ST-2081	6G-SDI	2015 年	6 Gbit/s	3840×2160@30Hz
SMPTE ST-2082	12G-SDI	2015 年	12 Gbit/s	3840×2160@60Hz

▶▶ 1.4.8　RJ45 接口

RJ 是 Registered Jack 的缩写，意思是"注册的插座"。在 FCC（美国联邦通信委员会）的标准和规章中这样定义：RJ 是描述公用电信网络的接口，RJ45 是标准 8 位模块化接口的俗称。

RJ45 连接器由插头和插座组成，这两种元件组成的连接器连接于导线之间，以实现导线的电气连续性。RJ45 接口示意图如图 1-41 所示。RJ45 连接器是连接器中最重要的一种插座，分为屏蔽型和非屏蔽型两种。RJ45 接口支持 10M/100M/1000Mbit/s 三种速率，具有收发、速率模式的自动协商功能。

国际公认的网络线缆标准分为七个类别，目前常用的是五类网线、超五类网线和六类网线，三者都由四对双绞线组成，区别在于，超五类网线比五类网线增加了绕线密度，从而使得串扰更小，传输距离更远，传输带宽更宽。而六类网线在超五类网线的基础上增加了线缆的直径，并在网线的中间增加了绝缘凹槽，进一步提高了信噪比。

图 1-41　RJ45 接口示意图

五类网线适用于百兆以太网，超五类和六类网线适用于千兆以太网。

LED 显示行业常用的网线线序为 T568B 版本，其对应的 RJ45 型网线插头引脚号与网线颜色的对应关系如表 1-6 所示。

表 1-6　RJ45 型网线插头引脚号与网线颜色的对应关系

插头引脚号	网线颜色	插头引脚号	网线颜色
1	橙白	5	蓝白
2	橙	6	绿
3	绿白	7	棕白
4	蓝	8	棕

▶▶ 1.4.9　RS232 接口

RS232 接口是由电子工业协会（Electronic Industries Association，EIA）制定的异步传输标准接口。通常 RS232 接口以 9 个引脚（DB9）或 25 个引脚（DB25）的形式出现。RS232 接口示意图如图 1-42 所示。

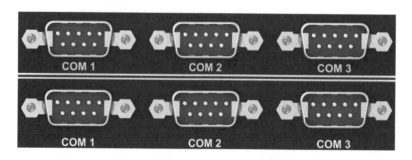

图 1-42　RS232 接口示意图

其中，DB9 使用最为广泛，RS232 引脚定义如表 1-7 所示。

表 1-7　RS232 引脚定义

引脚	简写	描述	说明
1	DCD	Data Carrier Detect	调制解调器通知计算机有载波被侦测到
2	RXD	Receiver	接收数据
3	TXD	Transmit	发送数据
4	DTR	Data Terminal Ready	计算机通知调制解调器可以进行传输
5	GND	Ground	地线
6	DSR	Data Set Ready	调制解调器通知计算机一切准备就绪
7	RTS	Request To Send	计算机要求调制解调器将数据提交
8	CTS	Clear To Send	调制解调器通知计算机可以传数据过来
9	RI	Ring Indicator	调制解调器通知计算机有振铃呼叫

RS232 通信在软件设置里需要做多项设置，最常见的设置包括波特率（Baud Rate）、奇偶校验（Parity Check）和停止位（Stop Bit）。

（1）波特率是指从一设备发到另一设备的波特率，即每秒传送多少符号。典型的波特率有 300、1200、2400、9600、19 200、115 200 等。一般通信两端设备都要设为相同的波特率，但有些设备也可设置为自动检测波特率。

（2）奇偶校验用来验证数据的正确性。一般不使用奇偶校验，如果使用，既可以做奇校验（Odd Parity），也可以做偶校验（Even Parity）。奇偶校验是通过修改每一发送字节（也可以限制发送的字节）来工作的。如果不做奇偶校验，那么数据是不会被改变的。在偶校验中，因为奇偶校验位会被相应地置"1"或"0"（一般是最高位或最低位），所以数据会被改变以使所有传送的数位（含字符的各数位和校验位）中"1"的个数为偶数；在奇校验中，所有传送的数位（含字符的各数位和校验位）中"1"的个数为奇数。奇偶校验可以用于接收方检查传输是否发生错误——如果某一字节中"1"的个数发生了错误，那么这个字节在传输中一定有错误发生。如果奇偶校验是正确的，那么要么没有发生错误，要么发生了偶数个的错误。如果用户选择数据长度为 8 位，则因为没有多余的比特可被用来作为同比特，因此称为非奇偶校验。

（3）停止位是在每个字节传输之后发送的，它用来帮助接收信号方硬件重同步。

需要注意的是，RS232 的最大通信距离为 15m。

▶ 1.4.10 GENLOCK 接口

GENLOCK（同步锁定）是一种常见的视频处理设备技术，使用其中一个源的视频输出（或来自信号发生器的特定参考信号）将其他视频源同步在一起。GENLOCK 的目的是确保多路视频信号在拼接或切换时间点上的一致性。当视频设备以这种方式同步时，它们被称为同步锁定或者发生器锁定。通常 GENLOCK 用来解决现场可能遇到的显示同步问题，如画面撕裂、扫描线问题等。

GENLOCK 接口一般采用 BNC 接头，GENLOCK 接口示意图如图 1-43 所示。根据同步源信号不同，GENLOCK 又分为 Black Burst 和 Tri-Level 两种。

图 1-43　GENLOCK 接口示意图

（1）Black Burst 是双电平同步，它是带有黑场图片的复合视频信号。作为同步视频设备的参考信号，它可以使多态视频设备以相同的时序输出视频信号，同时还可以保证两个视频信号之间的无缝切换，定时精度可以达到数十纳秒，这对常用视频显示场景是足够的了。由于 Black Burst 是普通视频信号，因此可以通过常用视频电缆传输并可以通过视频分配器进行信号分配。

（2）Tri-Level 是三电平同步，视频同步原理与 Black Burst 相同。但它比 Black Burst 的频率更高，所以同步时钟抖动更小，整体同步信号更加稳定。另外，Tri-Level 脉冲信号处于两个极性，所以它的传输路径中没有直流分量，信号噪声也表现得更好。

Tri-level 取代 Black Burst 是行业趋势，虽然目前行业中使用 Black Burst 居多，但是高端设备已经开始慢慢向使用 Tri-level 过渡。

第 2 章

LED 显示屏的
基本结构

2.1 LED 显示屏的构成

随着 LED 显示技术的飞速发展，LED 显示屏在各行各业的应用越来越广泛，在生活中也越来越随处可见，其绚丽的显示效果和超大的显示尺寸给观者带来极大的视觉震撼。那么这样一块显示屏的生产、运输和安装过程究竟是怎样的呢？

实际上，我们看到的大型 LED 显示屏都是由 LED 箱体或者更小单元的 LED 模组拼装而成的。这种方式能极大降低 LED 显示屏从生产到安装整个过程的成本、有效提高各个环节的效率、提升 LED 显示屏使用的灵活性，并可以根据不同的使用场景和客户需求拼装成不同的尺寸和形状，这是传统显示媒介无法比拟的优势。户外 LED 显示屏的安装如图 2-1 所示。LED 显示屏的显示效果如图 2-2 所示。

图 2-1　户外 LED 显示屏的安装

图 2-2　LED 显示屏的显示效果

▶▶ 2.1.1　LED 模组

LED 模组又称 LED 灯板，是 LED 显示屏应用层面可拆卸的最小组成单元。LED 模组一般由 LED 灯珠、信号输入/输出接口、芯片、套件、PCB 基板和电源输入接口构成。LED 模组的基本构成如图 2-3 所示。

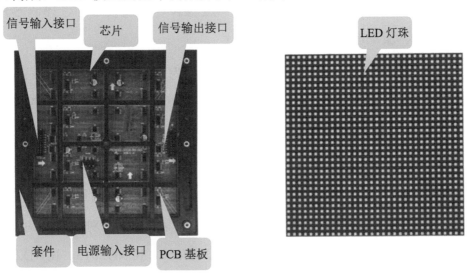

图 2-3　LED 模组的基本构成

（1）**LED 灯珠**。即发光二极管，它是 LED 显示屏的显示光源。

（2）**PCB 基板**。作为一个信号传输的枢纽平台，它的作用是将控制芯片、LED 灯珠、信号输入/输出接口、电源输入接口通过 PCB 线路连接起来。焊接好元器件后的 PCB 基板就是一个可以点亮的单元板，也就是俗称的 LED 模组（灯板）。PCB 基板如图 2-4 所示。

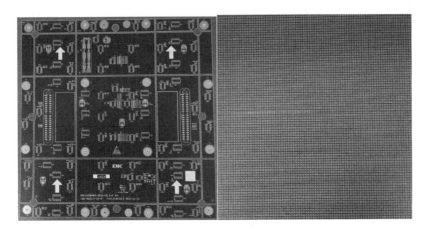

图 2-4　PCB 基板

（3）**套件**。通常为塑料材质，主要用于 LED 模组的固定和防护。它可以将 LED 模组固定到 LED 箱体结构上，或者直接固定在钢结构上，用于拼装 LED 显示大屏。但是，不是所有的 LED 模组都需要用套件固定，有很多 LED 模组会集成螺栓用于固定，因此这类 LED 模组不需要套件。

（4）芯片。 主要作用是通过接收卡控制系统输出的控制信号，从而控制 LED 灯珠的亮灭和发光强度。通过对 LED 显示屏上数以万计的像素点进行精准控制，可以显示出所需的图像。常规 LED 模组一般包含功率放大芯片、译码芯片（含 CMOS 功率管）、驱动芯片等。

① 功率放大芯片：常用的功率放大芯片一般为 74HC245 功率驱动芯片，其作用主要有信号驱动、信号隔离（LED 模组多组数据间一般采用一路信号并接 74HC245 多个输入通道，多个输出通道独立输出给不同数据的控制芯片）。

② 译码芯片：常用的译码芯片为 74HC138+4953 的方式，译码信号控制 74HC138 通道输出、4953 功率管导通，从而控制 LED 模组一行或者一列 LED 灯珠的正极和电源导通。随着 LED 行业的发展，出现了很多针对 LED 显示屏的译码、驱动合一的译码行管芯片，如 RT5958、DM7258、ICND2013、ICND2018 等。

③ 驱动芯片：配合控制系统输出的控制信号控制 LED 灯珠的亮灭，实现 LED 显示屏的图像显示。目前使用的驱动芯片一般分为通用驱动芯片、双锁存驱动芯片（MBI5124、ICN2038S、MY9868 等）、PWM（脉宽调制）驱动芯片（MBI5153、ICN2053、ICND2055 等）。

（5）信号输入/输出接口。 将控制系统输出的控制信号通过排线从接收卡连接到 LED 模组，以及通过排线将 LED 模组之间的信号相连接，用于 LED 模组的显示控制。

（6）电源输入接口。 它是给 LED 模组供电的输入接口。

2.1.2　LED 箱体

LED 箱体一般是 LED 显示屏的基本组成单元，是由 LED 模组按照一定规则排列组成的，LED 箱体整体构成如图 2-5 所示。

（1）LED 箱体结构。 材质一般为铁质、压铸铝和碳纤维等，主要用于固定 LED 箱体内部元器件，以方便 LED 显示屏的拼装，另外还能起到很好的防护作用。

（2）开关电源。 一般 LED 显示屏需要使用直流低压电源供电，常用的直流电压为 2.8～5V，我国国内常用的市电为 220V/50Hz。国外使用的市电标准有很多，

为了提高 LED 显示屏的适用地域，一般 LED 行业使用的开关电源输入电压为
AC100～240V 和 50/60Hz，额定输出功率大多集中在 150～400W。

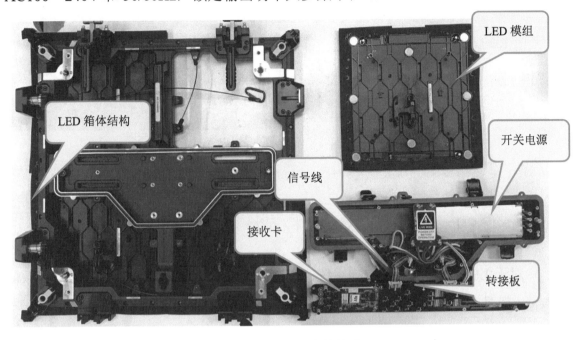

图 2-5 LED 箱体整体构成

（3）**LED 模组**。是 LED 箱体主要的发光部件，LED 箱体里所有部件都是为了
保证 LED 模组的正常稳定工作而设计的。

（4）**接收卡**。是 LED 箱体显示的控制中枢，可以根据 LED 箱体不同的驱动芯
片和驱动电路输出不同的控制信号，从而控制 LED 箱体的正常显示。

（5）**转接板**。它可以将接收卡输出的数据控制信号按照 LED 模组信号输入接
口的定义重新排列和组合，通过排线或者接口直接对接的方式将信号传输到 LED
模组，其尺寸形状根据 LED 箱体内部结构而定。

2.2 LED 显示屏控制系统架构

LED 显示屏控制系统的显示原理：具备视频输出能力的设备输出特定格式的
视频源信号，信号通过视频线材传输到 LED 控制器，经 LED 控制器转换成 RGB
信号，再通过网线或者光纤线将 RGB 信号传输至接收卡，接收卡将 RGB 信号转
换成驱动芯片可识别的数字逻辑信号，通过排线或者 PCB 线路传输至 LED 显示
屏，实现最终的显示效果。控制系统架构图如图 2-6 所示。

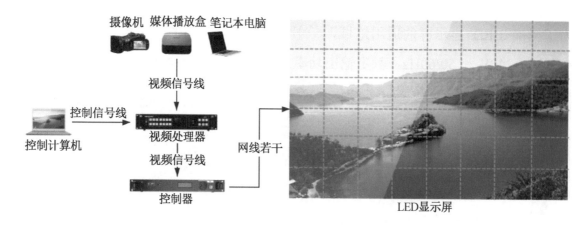

图 2-6　控制系统架构图

▶▶ 2.2.1　视频播放设备及控制计算机

对于 LED 显示屏同步控制系统，LED 显示屏显示的内容需要同步提供视频输入，一般具备视频源输出功能的设备有计算机、媒体播放盒、DVD、TV 电视盒子、摄像机等，当下一些主流的视频接口有 DVI、VGA、DP、HDMI、SDI、CVBS 等。常见的 LED 控制系统都有相应的上位机控制软件，通用的控制方式有 RS232、USB、TCP/IP 等，因此在整个系统链路的最前端一般还有带操作系统的控制计算机作为控制端。

▶▶ 2.2.2　LED 控制器和 LED 视频处理器

1. LED 控制器

LED 控制器的主要作用是接收前端视频源设备或计算机提供的视频源信号，并将接收到的视频源信号处理为可通过网线传输的差分信号，然后将此信号通过网口、网线传输给接收卡，最终显示在 LED 显示屏上。

诺瓦小课堂

在行业内，LED 控制器又称发送卡、独立主控等，本书正文或软件图片中出现的"发送卡"字样，如无特指，均表示 LED 控制器。

LED 控制器的具体功能主要有以下三项。

（1）接收视频源信号，通过解码芯片或 FPGA 将视频信号解析为控制器可以处理的信号。

（2）将控制器处理完的每一帧画面按照使用的网口数及拓扑图进行拆分，拆分成对应网口区域的画面。

（3）向接收卡发送一些自有协议的场包、行包、命令包及音频包等。

LED 控制器上的接口主要有视频输入接口、控制输入接口、输出接口等，其中视频输入接口有 DVI、HDMI、SDI、DP 等，控制输入接口有 RS232、TCP/IP、USB 等，输出接口一般分为视频输出接口、千兆输出网口和光纤输出口等。

（1）视频输出接口。在控制系统中，常见的视频输出接口类型有 OUT、LOOP 和 Monitor，它们之间存在一定的差别。以 DVI 为例，DVI OUT 接口输出的内容经过 LED 控制器的处理，显示出来的画面与控制器中配置的显示屏参数有关，如果控制器配置了一块分辨率大小为 512×512 的屏体信息，那么 DVI OUT 输出的画面就只有 512×512 像素点大小；当 LED 控制器接入一路 DVI 信号输入源时，对于 DVI LOOP 接口来说，LOOP 是信号环出的意思，顾名思义，DVI LOOP 会将该路 DVI 源再输出出去，此过程中不做任何处理，即 DVI LOOP 输出的信息和最初的 DVI 输入是一样的；而 Monitor 输出则是将 LED 控制器输出的信号连接到一台外接显示器上进行监控，通常情况下它支持的分辨率为 1080p。

（2）千兆输出网口。其通常用于发送卡和接收卡之间连接传输图像信息和控制指令。

（3）光纤输出口。其作用和网口功能一样，适合在远距离传输时使用，但需要考虑光纤口和网口的信号转换，通常情况下需配合光电转换设备共同使用。

2．LED 视频处理器

LED 视频处理器是 LED 显示屏控制系统链路中的非必要环节，没有视频处理器，LED 显示屏依然能显示画面。它的作用在于可以使 LED 显示屏上显示的画面更加灵活和丰富，它是 LED 显示屏诞生、成长及成熟的全程见证者和标志性设备，在传统 LED 控制系统链路中起到很大的作用，其作用主要有以下几个方面。

（1）**图像截取**。截取完整图像上任意一部分，并将其放大或者缩小显示在 LED 显示屏的任何显示区域。

（2）**图像缩放**。将输入的视频源图像放大或者缩小显示在 LED 显示屏上，适用于前端输入源分辨率与 LED 显示屏分辨率不一致的情况，通过缩放可以实现全屏显示效果。

（3）**信号的转换与切换**。这一作用能够完成众多信号之间的格式转换，如输入源是 HDMI 信号，视频处理设备可以将其转换成 DVI 信号输出；还可以在多信号接入时对各种信号进行管理，灵活地在各路信号之间快速切换。

（4）**图像质量提升**。LED 显示屏自身的像素间距远大于其他平板显示介质，因此，对图像处理技术，尤其是对图像增强技术有着严格的要求。优质的 LED 视频处理器能够运用先进的算法对图像质量不佳的信号进行修饰，执行去隔行、边缘锐化、运动补偿等一系列处理，增强图像的细节，提升画面质量。

（5）**LED 显示屏拼接**。LED 显示屏的点间距越来越小，外形尺寸也越来越巨型化，这就使得 LED 显示屏屏幕的物理分辨率变得巨大。单台 LED 发送卡无法实现带载，需要多台设备，此时如何将两个 LED 发送卡带载区域的画面拼起来显示完整就是视频处理器要做的事了，即视频处理器的拼接功能。

（6）**多画面（窗口）处理**。在很多特殊场景下，一个显示屏需要显示多个相同或不同信号的画面，具备多画面处理功能的视频处理器可以灵活地满足多画面的显示要求。

▶ 2.2.3 视频线材

视频线材主要用来连接视频源端设备和视频处理器，以及视频处理器和发送卡，并传输图像信息。常用的线材有 DVI 线、HDMI 线、DVI 转 HDMI 线、DP 线、HDMI 转 DP 线、VGA 线等。

▶ 2.2.4 千兆网线和光纤线

千兆网线和光纤线主要用于 LED 发送卡和接收卡之间的数据传输，传输距离不同，其传输的介质也不同。常用的传输方式有常规千兆网线和光纤线传输（需要配备光电转换器，把电信号转换成光信号进行传输）。

（1）**千兆网线**。分为五类网线、超五类网线、六类网线及超六类网线，用于连接发送卡和接收卡传输图像信息和控制命令，使用的接头为 RJ45 水晶头。整个 LED 显示行业使用的网线线序为标准的 T568B 连接方式，按照规范 ANSI/TIA/EIA 关于布线的规定，最远传输距离为100m。

（2）**光纤线**。一般分为单模光纤和多模光纤，单模光纤的传输距离为15km，多模光纤的传输距离为 300m。LED 控制系统中常用的接口为 LC 接口，用于发送卡和接收卡之间的图像信息及控制命令的传输，也在 LED 控制器和接收卡距离较远、网线传输无法满足的情况下使用。

▶ 2.2.5　接收卡

接收卡是控制系统中不可或缺的关键环节，是 LED 显示屏端的核心控制部分，其作用是将发送卡传输来的 RGB 信号转换为 LED 显示屏驱动电路可识别的逻辑数字信号，进而控制 LED 显示屏的图像显示。需注意，不同厂商的发送卡和接收卡设备不能混用。

2.3　控制系统常见控制器产品

市场上 LED 显示屏控制系统的主要供应商有西安诺瓦星云（Nova Star）科技股份有限公司、深圳市灵星雨科技（Linsn Technology）开发有限公司（以下简称为灵星雨科技公司）、深圳市摩西尔（Mooncell）电子有限公司、卡莱特（Colorlight）云科技股份有限公司（以下简称为卡莱特公司）、英国邦腾科技（Brompton Technology）有限公司（以下简称为邦腾科技公司）。目前，占控制系统市场份额最大的是西安诺瓦星云科技股份有限公司（以下简称为诺瓦星云公司），因此本节主要以诺瓦星云公司的控制器产品为例加以说明。

▶ 2.3.1　控制器硬件介绍

下面以诺瓦星云公司的 MCTRL1600 控制器为例，介绍一台控制器的硬件组成。MCTRL1600 前面板结构如图 2-7 所示，前面板及按键功能说明如表 2-1 所示，MCTRL1600 后面板结构如图 2-8 所示，后面板功能说明如表 2-2 所示。

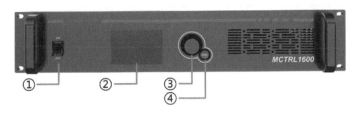

图 2-7　MCTRL1600 前面板结构

表 2-1 MCTRL1600 前面板及按键功能说明

编号	名称	说明
①	电源开关	开/关机键
②	LCD 显示屏	显示操作界面
③	功能旋钮	通过按下或旋转动作完成液晶面板中的相关功能的选择及参数的调节
④	BACK 按键	配合旋钮使用，返回上级菜单或退出当前操作

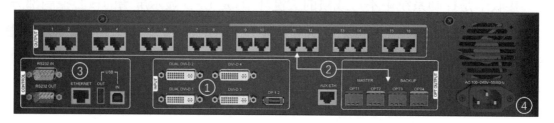

图 2-8 MCTRL1600 后面板结构

表 2-2 MCTRL1600 后面板功能说明

①输入接口	
DUAL DVI-D1、DUAL DVI-D2、DVI-D3、DVI-D4	用来输入 DVI 视频源 Dual Link 模式时： 输入源支持 DUAL DVI-D1、DUAL DVI-D2（DVI-D3、DVI-D4 不可用） Single Link 模式时： 输入源支持 DUAL DVI-D1、DUAL DVI-D2、DVI-D3、DVI-D4
DP1.2	用来输入 DP 视频源
②输出接口	
1～16	16 路 RJ45 千兆网口输出，用来连接接收卡输出视频信号
OPT1～4	4 路 10G 光纤输出接口，支持单模光纤或多模光纤传输
③控制接口	
ETHERNET	百兆网口，连接 PC 端，支持 TCP/IP 协议
USB IN	级联输入或连接 PC 端
USB OUT	级联输出
RS232 IN	RS232 中控接口，波特率为 115 200bit/s，用来连接 PC 端，支持简单的通信业务
RS232 OUT	
④电源接口	
AC100～240V-50/60Hz	交流电源接口

▶▶ 2.3.2 LED 控制器的发展历程

随着 LED 显示行业的整体发展，相关的上下游厂商也在不断演进自己的产品，以满足日益变化的市场需求，给客户提供更好的使用体验。LED 控制器主要经历了以下发展阶段。

1. 从控制裸卡到机壳式控制器

发送卡开始广泛应用于 LED 显示屏行业时是以裸卡形式出现的，彼时的控制卡没有配备电源模块，通常安装在台式计算机主机机箱显卡的预留卡槽或视频处理器的预留卡槽中，由台式计算机或视频处理器提供电源，并由台式计算机或视频处理器提供信号源，这样做的好处是轻便、节省空间。

随着 LED 显示屏的应用场景越来越广泛，视频源也不再是单一的台式计算机或者带预留卡槽的视频处理器，也可能是一台笔记本电脑，那么此时就要考虑控制卡的单独供电。例如，在一些户外场景中需要将控制卡放在 LED 显示屏机箱中，那么设备的防潮、防尘、防水等都是要考虑的问题。从安全方面考虑，裸卡式控制卡存在安全风险，该结构已经不能满足 LED 显示屏的应用需求。于是裸卡式控制卡便过渡为带有机壳的控制器，又称独立主控设备，如诺瓦星云公司的 MSD300（裸卡式控制卡）到 MCTRL300（独立控制器），如图 2-9、图 2-10 所示。

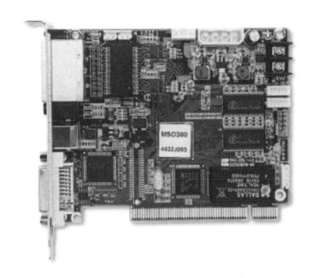

图 2-9　MSD300（裸卡式控制卡）

图 2-10　MCTRL300（独立控制器）

45

2. 从两网口控制器到多网口控制器

在 LED 显示屏刚应用于显示行业时，LED 显示屏多应用于户外场景，LED 灯珠尺寸比较大，屏体的点间距也比较大，单位面积 LED 显示屏的价格较高，再加上当时输入源接口分辨率的制约，一块 LED 显示屏实际的像素分辨率并不会太高，通常都在 1080p 分辨率以内。控制系统中单台控制器单个网口的带载能力大约为 65 万像素点，一台 MCTRL300 有两个网口，带载能力为 130 万像素点，基本可以满足当时的 LED 显示屏的带载需求。

随着 LED 灯珠工艺的发展，灯珠尺寸越来越小，显示屏像素间距也进一步缩小，LED 显示屏的应用也逐渐从户外走进室内。同时，视频行业也在不断发展，视频源接口分辨率逐渐增大，单位面积 LED 显示屏的价格逐渐降低，导致实际应用中单位面积内的像素密度越来越高，屏体分辨率也越来越大，1080p 的显示屏随处可见。此时，双网口的控制器已经无法满足行业发展需求，于是更大的带载、更多的网口便成为市场的呼声，LED 控制器的带载也随之变大。例如，诺瓦星云公司的 MCTRL600 增加到了 4 个网口，单台设备已可以带载一块 1080p 分辨率的大屏，MCTRL600 产品外观如图 2-11 所示。后来还有了 8 个网口的 MCTRLR5，支持带载 4K×1K 分辨率的大屏，再到后来出现了 16 个网口的 MCTRL1600，单台设备即可带载一块 4K×2K 分辨率的大屏。

图 2-11　MCTRL600 产品外观

3. 从软件控制到前面板操作

要在 LED 控制系统中配置一块显示屏，我们需要在计算机中安装上位机控制软件，然后通过 USB 串口线连接至控制器进行配置操作，所有的操作均需要通过计算机才能实现，这就要求现场配置时必须携带计算机，这是不太方便的。此外，还要求用户对计算机的操作和行业软件的操作都有一定的了解和掌握，但实际上很多用户并非 LED 显示屏行业的从业者，无法完成一些 LED 显示屏的专业操作，这就导致很多终端用户需要花费较高的学习成本。

为了解决上述问题,同时为了提高操作的可视化效果,更直观地显示当前控制器的输入源、输出网口及控制器运行的工作状态,控制系统厂家在 LED 控制器上增设了一块液晶面板并添加了旋钮,可以通过控制器液晶面板配合旋钮,实现对 LED 显示屏的快速配置、亮度控制等,方便用户操作的同时大大降低了软件的学习成本,同时方便用户直观了解当前控制器的工作状态。典型的应用就是诺瓦星云公司的 MCTRL600 向 MCTRL660 的转变。MCTRL660 产品外观如图 2-12 所示,MCTRL 660 具有与 MCTRL600 一样的带载能力,但操作更加灵活。

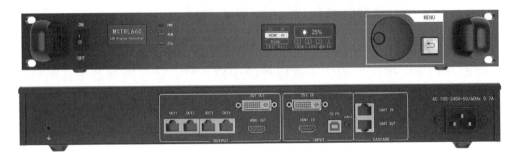

图 2-12　MCTRL660 产品外观

4. 从独立主控到视频控制器

在显示行业中,LED 控制器又称纯发送卡、独立主控等。在前面我们提到了视频处理器,实际上视频处理器的一个很大的作用就是弥补控制器的不足。控制器之所以又称纯发送卡,是因为它不具备任何视频处理的功能。例如,当输入源分辨率为"1080p",而 LED 显示屏的分辨率为 800×600 像素点时,在 LED 显示屏上只能显示视频源左上方 800×600 像素点区域的图像内容,无法实现缩放显示,也就是显示行业中常说的"点对点显示"。

此外,在一些应用场景中,显示屏会有多画面显示的需求,传统控制器设备无法满足这一需求,因此需要使用视频处理器对视频源进行处理之后再提供给控制器,视频处理器的增加也增加了用户的使用成本。为了解决这一问题,控制系统厂商又推出了视频控制器设备(又称二合一控制器),该设备兼具控制器和简单的视频处理功能,如诺瓦星云公司的 V1260 产品,V1260 产品外观如图 2-13 所示。

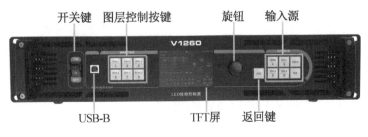

图 2-13　V1260 产品外观

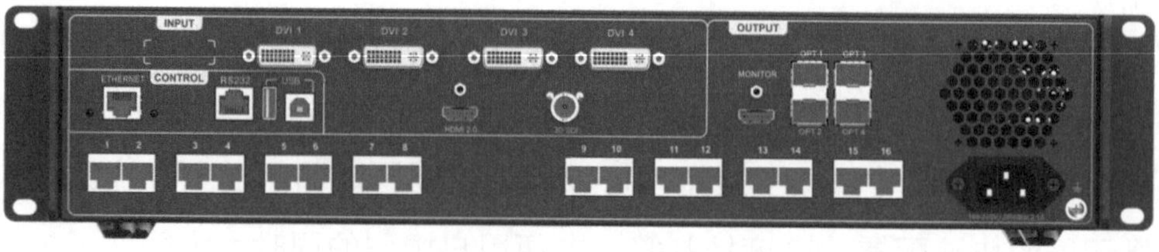

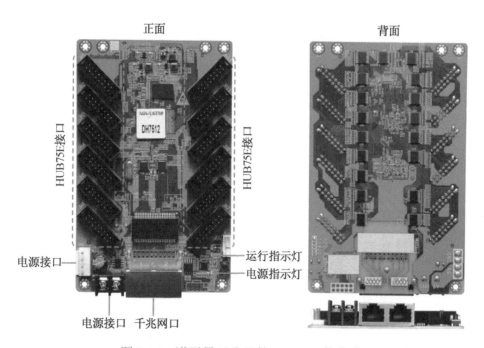

图 2-13　V1260 产品外观（续）

2.4　控制系统常见接收卡产品

在控制系统中，接收卡的作用就像神经中枢一样，它与控制器相互配合，共同完成对一块 LED 显示屏几百万甚至几千万像素点的精准控制。

▶▶ 2.4.1　接收卡硬件介绍

相较于控制器设备来说，接收卡的硬件构成要简单许多，主要包含电源接口、指示灯、HUB 接口、千兆网口等。诺瓦星云公司的 DH7512 接收卡如图 2-14 所示。

正面　　　　　　　　　　　　　　　　背面

图 2-14　诺瓦星云公司的 DH7512 接收卡

（1）电源接口：为接收卡提供 5V 的电源。

（2）千兆网口：用于连接前端控制器设备及接收卡之间的信号级联。

（3）HUB 接口：常见的 HUB 接口有 HUB75、HUB320 等，通常使用排线将 LED 模组连接至 HUB 接口，用于接收卡对模组的信号控制。

（4）指示灯：表征接收卡的运行状态及电源供电状态。

2.4.2　接收卡的发展历程

与 LED 控制系统中的控制器一样，接收卡同样随着行业发展和市场的演进，在逐步升级、更新和迭代，接收卡的发展演变主要经历了以下几个阶段。

1. 传统大尺寸接收卡

以诺瓦星云公司的 MRV300 接收卡为例，它是行业早期的标准接收卡，MRV300 接收卡如图 2-15 所示。它支持带载 256×256 像素点，有两个 50Pin 的接口可用于输出数据，而由于 LED 模组的 HUB 接口通常为 16Pin 的 HUB75 接口，因此与接收卡上的接口定义不一致，无法直接通过排线连接使用，故需要使用 HUB 转接板。因此，早期的接收卡通常先安装 HUB 转接板，再通过排线连接至 LED 模组，HUB 转接板如图 2-16 所示。

图 2-15　MRV300 接收卡　　　　图 2-16　HUB 转接板

同类型的接收卡还有灵星雨科技公司的 RV901T 接收卡，如图 2-17 所示。

图 2-17　灵星雨科技公司的 RV901T 接收卡

2．免 HUB 接收卡

早期的接收卡在使用时需要搭配特定的 HUB 转接板，久而久之其使用不便的缺点显得越发突出。对于 LED 显示屏厂商来说，它们需要根据自身模组的设计搭配对应的 HUB 转接板，在生产制造的过程中工序也会更加烦琐。控制系统厂商意识到，既然如此麻烦，不如直接化繁为简、合二为一，将 HUB 转接板和接收卡做在一起，这就产生了现在行业中看到的"免 HUB 接收卡"。图 2-18 所示为诺瓦星云公司的 DH418 接收卡，它支持带载 256×256 像素点，其特点是直接将标准的 HUB75 接口集成在了接收卡上，使接收卡可以直接连接 LED 模组使用。除了 HUB 接口上的变化，此类接收卡的供电端子也改成了与常规 LED 模组相同的接口，以上变化充分考虑了用户部署、系统运行和维护的问题，使部署更容易，系统运行更稳定，维护更高效。

同类型的接收卡还有卡莱特公司的 5A-75B 接收卡，如图 2-19 所示。

图 2-18　诺瓦星云公司的 DH418 接收卡　　　图 2-19　卡莱特公司的 5A-75B 接收卡

3．小尺寸接收卡

随着显示行业的发展，LED 显示屏逐渐从户外的应用场景走进室内，从更多的工程固装场合向租赁场合扩散，这就要求 LED 箱体的结构更加轻薄、便捷，更加节省空间、更加方便搭建安装，很多透明屏的接收设计也需要尺寸更小的接收卡。

箱体设计自然也离不开箱体内部各器件的约束，为了迎合市场需求，控制系统厂商也需要设计尺寸更小的接收卡。图 2-20 所示为诺瓦星云公司的 MRV210 接收卡，它支持带载 256×256 像素点，自带 4 个 26Pin 的 HUB 接口用于连接 LED 模组或箱体结构，但在尺寸上较传统的标准接收卡小了很多。这样在箱体设计时，

小尺寸接收卡给 LED 显示屏厂商预留了更多的发挥空间，可满足更多不同场景
显示屏的使用需求。

图 2-20　诺瓦星云公司的 MRV210 接收卡

同类型的接收卡还有灵星雨科技公司的 RV907 接收卡，如图 2-21 所示。

图 2-21　灵星雨科技公司的 RV907 接收卡

4．DDR2 接口接收卡

行业的持续发展也一直推动着对更多新工艺的追求和结构的改良。MRV210 系
列接收卡较传统的标准接收卡节省了不少空间，但是其自带网口、HUB 接口的设
计使其整体的厚度和大小很难再加以精简。控制系统厂商开始另辟蹊径，寻找更新
的工艺。后来它们发现类似于计算机显卡的 DDR2 接口的设计能够有效减小接收
卡的物理尺寸，原本接收卡是带有网口的，实际上 LED 箱体上也是有网口的，控
制系统厂商便省去了接收卡上网口的设计。图 2-22 所示为诺瓦星云公司的 XC 系
列接收卡，以此类接收卡为例，接收卡的尺寸缩小了，同时 DDR2 接口具有良好
的兼容性，接口的卡口设计也更加牢固和稳定，还可以根据场景需求设计双卡备份
功能、双电源备份功能、箱体液晶显示功能等，这样大大提高了显示屏的稳定系数，
从而保证在高可靠要求的应用场景中显示屏能正常显示。

同类型的接收卡还有邦腾科技公司的 Tessera R2 及卡莱特公司的 I9 系列接收
卡等，如图 2-23、图 2-24 所示。

图 2-22　诺瓦星云公司的 XC 系列接收卡

图 2-23　邦腾科技公司的 Tessera R2 接收卡

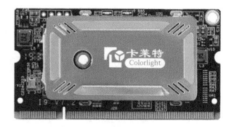

图 2-24　卡莱特公司的 I9 接收卡

5. 高密接插件接收卡

DDR2 接口的接收卡有其优势也有其缺点，例如，常用的接插件多为塑料材质，LED 显示屏工作时发热量高，接插件的热胀冷缩可能会导致接触不良，接口松动，防尘效果变差，致使 LED 显示屏工作不稳定。

后来出现了高密接插件的结构设计，诺瓦星云公司的"Axs 系列"接收卡率先将此接口引入接收卡的设计中，如图 2-25 所示。此类接口防尘、防松动、稳定性更高、尺寸小巧，只有普通银行卡的 70% 大小。同时，此类接收卡集成了网络变压器，信号传输更稳定，也使 LED 显示屏厂商的 HUB 设计更加简单。

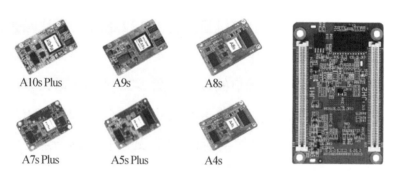

图 2-25　诺瓦星云公司的"Axs 系列"接收卡

同为高密接插件接口设计的接收卡还有灵星雨科技公司的 Mini910 接收卡等，如图 2-26 所示。

图 2-26　灵星雨科技公司的 Mini910 接收卡

其实，接收卡除了外观设计的变化，其带载能力也在不断提高。早期的 MRV300 接收卡支持带载 256×256 像素点，现如今，常用的 DH7512 接收卡已经能够带载 512×512 像素点，带载能力是之前的 4 倍。除此之外，各个控制系统厂商也在研发各自的画质提升技术，这些技术的应用往往离不开接收卡的配合，所以接收卡未来的趋势依然是尺寸越来越小、功能越来越强大。

第 3 章

LED 显示屏基础计算

3.1 电源功耗计算

在与 LED 显示相关的工程项目中，屏体电源的功耗是考察屏体性能的重要参数，也与项目施工安全息息相关。项目初期，若未能正确计算 LED 显示屏的电源功耗，将导致巨大的安全用电隐患，下面介绍如何计算屏体电源功耗。

3.1.1 LED 显示屏项目总功率的计算

一块 LED 显示屏通常由多路电源供电，每条电源线配备分开关，所有的分开关由一个三相总开关统一管控，以此来达到电源分控和总控的目的。通常在 LED 显示屏固定安装项目中要考虑屏体散热情况，因此还会在结构中加装空调，故计算 LED 显示屏总功率时，有以下几个关键公式。

显示屏项目总功率计算公式如下：

$$P(T) = P(M) \times S(T) + P(O) \tag{3-1}$$

式中，$P(T)$——显示屏项目总功率（W）；

$P(M)$——每平方米最大功率（W）；

$S(T)$——屏体面积（m²）；

$P(O)$——其他设备功率，如空调总功率（W/匹），一般空调总功率为 800W/匹，若未加装其他设备则此项为0。

每平方米最大功率和箱体本身有关，具体值由 LED 厂商在实验室测得，公式如下。

三项总开关规格的计算公式如下：

$$I(C) = \frac{P(T)}{3U} \times 1.2 \tag{3-2}$$

式中，$I(C)$——三相总开关规格（W）；

U——相电压（V）；

1.2——安全系数。

开关电流值的计算公式如下：

$$I(T) = I(S) \times 1.2 \qquad (3\text{-}3)$$

式中，$I(T)$——开关的电流值（A）；

$\quad\quad I(S)$——分开关所控制屏体的总电流（A）。

$\quad\quad$注：各个厂商的标准单相分开关配置会有所差异，大约为 40A。

$\quad\quad$开关总漏电流的计算公式：

$$I(M) = I(A) \times N \times 1.2 \qquad (3\text{-}4)$$

式中，$I(M)$——所选开关的总漏电流（A）；

$\quad\quad I(A)$——单个箱体漏电流（A）；

$\quad\quad N$——箱体总数；

$\quad\quad 1.2$——安全系数。

3.1.2　LED 显示屏电源线功率的计算

$\quad\quad$一块 LED 显示屏一般由多条电源线进行供电，单条电源线带载的箱体总功率必须小于此电源线的最大承载电流，才能保证供电的安全性，具体计算公式如下。

1．按面积计算

$$S(T) = \frac{I(M)}{1.2} \times \frac{U}{P(C)} \times S(C) \qquad (3\text{-}5)$$

式中：$S(T)$——带载面积；

$\quad\quad I(M)$——电源线最大承载电流（A）；

$\quad\quad 1.2$——安全系数；

$\quad\quad U$——相电压（V）；

$\quad\quad P(C)$——单个箱体最大功率（W）；

$\quad\quad S(C)$——箱体面积（m²）。

2．按数量计算

$$N = \frac{I(M) \times U}{1.2} / P(C) \qquad (3\text{-}6)$$

式中，N——带载数量（个）；

$I(M)$——电源线最大承载电流（A）；

1.2——安全系数；

$P(C)$——单个箱体最大功率（W）；

U——相电压（V）。

箱体最大带载的受限因素包括开关大小、线径、航空插头规格、接线端子规格等。

▶▶ 3.1.3　项目案例

例 1　某室外 P10 全彩 LED 屏，屏体尺寸为 6.4m×3.6m，每平方米最大功率为 600W，屏体要求配备一个 3 匹的空调用于散热，空调功率为 800W/匹，请问该项目的总功率为多少？三相总开关的规格是多少？

解： ① 屏体总尺寸=6.4×3.6=23.04（m²）

② 显示屏项目的总功率=每平方米最大功率×屏体面积（m²）+空调总功率=600× 23.04+800×3=16 224（W）

③ 三相总开关的功率=项目的总功率/(3×相电压)×1.2(安全系数)=16 224÷(3×220)×1.2≈29.5（A）

答： 该项目的总功率为 16.224kW，三相总开关的规格为 29.5A。

例 2　某室内 P2 全彩小间距 LED 屏，箱体尺寸为 640mm×640mm，屏体尺寸为 6.4m×3.84m，配备的电源线最大承载电流为 30A，屏体供电为三相电，相电压为 220V，单个箱体最大功率为 300W，请问一条电源线最多连接多少个箱体？整屏需要多少条电源线供电？

解： ① 带载数量=电源线最大承载电流×相电压÷1.2（安全系数）÷单个箱体最大功率=30÷1.2×220÷300≈18.3（个），向下取整，即 18 个。

② 显示屏总箱体数量=(6.4÷0.64)×(3.84÷0.64)=60（个）

③ 需要的电源线数量=60÷18≈3.3（条），向上取整，即 4 条。

答： 一条电源线最多连接 18 个箱体，整屏体共有 60 个箱子，故最少需要 4 条电源线供电。

3.2 屏体分辨率计算

LED 屏体由箱体拼接组成，具有灵活性好、亮度高、色域广等优点。相比于 LCD 标准的 720p、1080p 等规格，LED 显示屏在分辨率方面是一种非标准的显示介质。LED 厂商一般使用物理尺寸来描述屏体大小，控制系统厂商多通过计算屏体分辨率来设计系统解决方案，下面介绍屏体尺寸和分辨率之间的转换关系。

1. LED 尺寸大小的表征

（1）通过尺寸描述 LED 大小。LED 主要分为固装和租赁两种使用方式，按照箱体排布可分为常规屏、超长屏、异型屏等屏体类型，受使用环境的限制，在施工时有立柱式、壁挂式、嵌入式、落地式等安装方式。因此，物理尺寸是 LED 屏体设计及施工时必须考虑的因素。

LED 模组尺寸和箱体尺寸一般以 mm 为单位进行描述，如 320mm×320mm、500mm×500mm、500mm×1000mm 等；LED 屏体一般以 m 为单位进行描述，如 3.2m×1.8m、12.5m×2.5m 等。

（2）通过分辨率描述 LED 大小。在控制系统解决方案中，屏体分辨率一般用"宽×高"来表示，如"1920×1080"，它是设计控制方案的必要数据。箱体需考虑接收卡带载分辨率大小，屏体需计算一台控制器带载的分辨率大小、每条网线带载的分辨率大小。常见的标准分辨率有 2K×1K（1920×1080@60Hz）、4K×2K（3840×2160@60Hz）、8K×4K（7680×4320@60Hz）等。

LED 显示屏屏体尺寸（mm）和分辨率的换算公式如下：

$$分辨率（宽）=屏体宽度÷点间距$$

$$分辨率（高）=屏体高度÷点间距$$

2. 项目案例

例 1 某屏体点间距为 P2.5，整屏物理尺寸为 12.5m×2.5m，请问屏体分辨率为多少？

解： ① 屏体尺寸转换为毫米：12 500mm×2500mm

② 分辨率（宽）=12 500÷2.5=5000

③ 分辨率（高）=2500÷2.5=1000

④ 屏体分辨率=5000×1000=5 000 000

答：屏体分辨率为 5000×1000，总分辨率为 500 万。

例 2　某款箱体点间距为 P3.91，箱体尺寸为 500mm×500mm，某订单共采购了 1000 平方屏体，请问此订单共多少个箱子？总分辨率是多少？

解：①一个箱体的尺寸为 500mm×500mm=0.5m×0.5m=0.25m^2

②此订单箱体总数=1000÷0.25=4000 个

③一个箱体的分辨率（宽）=500÷3.91≈128

④一个箱体的分辨率（高）=500÷3.91≈128

⑤一个箱体的分辨率=128×128

⑥此订单的总分辨率=128×128×4000=65 536 000

答：此订单共 4000 个箱子，总分辨率为 65 536 000。

3.3　网口带载能力计算

通过之前的章节介绍，我们了解到大多数控制系统的单网口带载能力约为 65 万个像素点，为什么单网口只能带载 65 万个像素点？它和哪些因素有关？

3.3.1　带载计算的原理

1. 计算原理

目前多数控制系统使用的网口为千兆网口，即带宽为 1Gbit/s，单网口的通信带宽决定了它可带载的最大点数。但是除了网口的带宽，还有其他的因素影响着网口的带载能力，如图像的位深、帧率、网线带宽利用率等，具体计算公式如下。

$$Bw \times Ur = Lc \times Fr \times Cd \times 3 \tag{3-7}$$

Bw 表示 Band width，即网口带宽（Gbit/s）：单位时间能通过链路的数据量，即每秒可传输的数据位数。

Ur 表示 Usage rate，即网口带宽利用率（百分比）：有效的像素信息所占带宽与总带宽的比值。在整个千兆网络传输中，传输内容主要包含场数据、行数据、命令数据、音频数据及无效数据，所以不用的应用可能会导致不同的数据带宽利用率。

Lc 表示 Load capacity，即网口带载能力（像素点）：单网口可带载的像素数，一个像素包含红、绿、蓝三个灯点。

Fr 表示 Frame rate，即图像的帧率（Hz）：1 秒内图像刷新的次数。常见的输入帧率有 24Hz、25Hz、30Hz、48Hz、50Hz、60Hz、72Hz、100Hz、120Hz、144Hz 及 23.97Hz、29.98Hz 等。

Cd 表示 Color depth，即图像的位深（bit）：图像中每个单色的数据所占的位数，位数越高，表示可以实现的颜色种类越多。常见图像位深为 8bit、10bit、12bit，显示器默认为 8bit 图像位深，即每个单色有 2^8 个变化，所以一个像素点可以实现 16 777 216 种颜色。

3 表示 3 种 RGB 颜色。

2. 项目案例

以诺瓦星云公司生产的 MCTRL300 为例，它的网口带宽是 1Gbit/s，假设输入 MCTRL300 的是常规视频，即帧频是 60Hz，位深是 8bit。将这些参数代入式（3-7）中，则结果为

$$Lc = 10^9 \times Ur \div 60 \div 8 \div 3$$

在理想情况下，假设网口带宽利用率是 100%，则单网口带载能力大约是 694 444 个像素点。但在实际情况下，网口带宽利用率不可能为 100%，以诺瓦星云公司的产品为例，经过实际测试，可以保证数据带宽在 93.6% 时，对数据进行稳定传输，此时单网口带载能力大约是 650 000 个像素点。

▶▶ 3.3.2 网口带载的应用

1. 计算原理

通过了解网口带载能力，就可以根据实际的 LED 箱体分辨率计算出单个网线可带载的箱体个数，具体公式为

$$N = Lc / (W \times H) \tag{3-8}$$

式中，N——可带载箱体数量；

　　　Lc——单网口带载能力，通常为 650 000 个像素点；

　　　W——箱体的分辨率宽；

　　　H——箱体的分辨率高。

其中箱体像素分辨率转换关系如下：

$$箱体分辨率（宽）=箱体尺寸宽度÷点间距$$

$$箱体分辨率（高）=箱体尺寸高度÷点间距$$

2. 项目案例

假设某款 LED 箱体尺寸为 500mm×500mm，箱体点间距为 P2.5mm，那么单个网口可带载的箱体个数 N 如何计算？

首先需要计算箱体分辨率、箱体宽像素点数和箱体高像素点数：

箱体宽像素点数 W=500÷2.5=200；

箱体高像素点数 H=500÷2.5=200。

则参考式（3-8），单网口可带载箱体个数 N 是

$$650\ 000÷(200×200)≈16（个）$$

备注：当计算出现小数时，不能采用四舍五入规则，需向下取整，按照整数计算。

3.4　控制器带载能力计算

1. 计算原理

控制器带载能力决定着单台设备可带载的 LED 像素点个数，不同的控制器有不同的带载能力，控制器的带载能力大小主要取决于两方面的能力，即输入能力和输出能力。

输出能力即输出网口数量的能力总和，公式如下：

$$Oc=Lc×M \tag{3-9}$$

式中，Oc——输出带载能力；

Lc——单网口带载能力；

M——控制器网口数量。

输入能力即输入接口支持的最大输入分辨率。常见接口可支持的最高分辨率如表 3-1 所示。

表 3-1　常见接口可支持的最高分辨率

接口版本	最高分辨率	传输速率
DVI-D 单链路	1920×1200@60Hz	4.95 Gbit/s
DVI-D 双链路	2560×1600@60Hz	9.9 Gbit/s
HDMI1.1	1920×1200@60Hz	4.95 Gbit/s
HDMI1.2	1920×1200@60Hz	4.95 Gbit/s
HDMI1.3	2560×1600@75Hz	10.2 Gbit/s
HDMI1.4	3840×2160@30Hz 或 4096×2160@24Hz	10.2 Gbit/s
HDMI2.0	4096×2160@60Hz	18 Gbit/s
DP1.1	2560×1600@60Hz 或 3840×2160@30Hz	10.8 Gbit/s
DP1.2	3840×2160@60Hz	21.6 Gbit/s
DP1.3	5120×2880@60Hz 或 7680×4320@30Hz	32.4 Gbit/s
DP1.4	7680×4320@60Hz	32.4 Gbit/s
HD-SDI	1280×720@60Hz	1.485 Gbit/s
3G-SDI	1920×1080@60Hz	2.97 Gbit/s
6G-SDI	3840×2160@30Hz	6 Gbit/s
12G-SDI	3840×2160@60Hz	12 Gbit/s

2．判定规则

（1）当设备无视频缩放功能时，可以按照如下逻辑判断。

当输入能力大于输出能力时，控制器的最大带载能力按照输出能力计算。

当输入能力小于输出能力时，控制器的最大带载能力按照输入能力计算。

注意：当设备存在多个视频输入接口时，一般按照最小的接口能力进行带载计算。

（2）当设备有视频缩放功能时，目前市面上多数产品的带载能力只取决于输出能力，和输入能力无关。

3. 项目案例

例 1　以诺瓦星云公司的 MCTRL 660 为例，MCTRL 660 输出为 4 个网口，输入支持 HDMI1.3 和单链路 DVI 接口，无视频处理功能，则对应的输出带载能力为

$$输出带载能力\ Oc=650\,000\times4=2\,600\,000$$

由表 3-1 可知，HDMI1.3 或者单链路 DVI 接口的输入能力最大为 1920×1200@60Hz，即其在 60Hz 下的输入能力为 2 304 000 像素点。根据判定规则其输入能力小于输出能力，则 MCTRL 660 的带载能力为 2 304 000 个像素点。

例 2　以诺瓦星云公司的 V1060 为例，V1060 输出为 6 个网口，输入支持 HDMI1.3、单链路 DVI、VGA，支持图像处理及缩放功能，则对应的 V1060 输出带载能力为

$$输出带载能力\ Oc=650\,000\times6=3\,900\,000$$

由于 V1060 支持视频处理功能，根据判定规则，其输出带载能力大于其视频源输入能力，则 V1060 的带载能力为 3 900 000 个像素点。

第 4 章

LED 显示屏基础调试

4.1　LED 显示屏的基础配置

LED 显示屏经过基础配置后，可实现目标屏体的整屏播放，如可显示完整的图像、视频、编辑好的节目等。一般情况下，LED 显示屏的基础配置包括以下几个步骤：计算机显示设置、发送卡设置、接收卡设置、显示屏连接设置。

4.1.1　计算机显示设置

LED 显示屏的画面由计算机显卡直接输出而来，因此在进行显示屏配置前，需要对显卡进行以下两方面设置：显卡的复制/输出设置和显卡的缩放设置。

1. 显卡的复制/输出设置

计算机显卡的输出模式有复制输出和扩展输出两种，用户可以根据不同的使用需求，选择或切换不同的输出模式。在复制输出模式下，当计算机外接多台显示器时，连接的每台显示器都会重复显示当前计算机画面。在扩展输出模式下，外接的显示器会显示计算机的延伸画面，可理解为当前计算机显示器和外接显示器共同组成了一个更大的延展桌面。

在进行 LED 显示屏的基础配置时，通常将计算机显卡设置为复制输出模式，以保证屏体显示与计算机桌面一致。在复制输出模式下，利用桌面图标可便捷判断 LED 显示屏画面的完整性，从而高效率地完成基础配置。

对计算机显卡进行复制输出设置的常规操作步骤如下。

（1）在计算机桌面空白处右击，在弹出的快捷菜单中选择"显示设置"选项，如图 4-1 所示。

（2）选择"复制这些显示器"或"扩展这些显示器"选项即可实现复制输出或扩展输出，"显示设置"界面如图 4-2 所示。

快捷方式的操作步骤如下。

（1）同时按下键盘上的"Windows"和"P"两个按键。

（2）在计算机桌面弹出的快捷菜单中，选择"复制"或"扩展"选项即可。显卡的复制设置如图 4-3 所示。

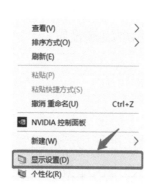

图 4-1　"显示设置"选项　　　　　　　　　　图 4-2　"显示设置"界面

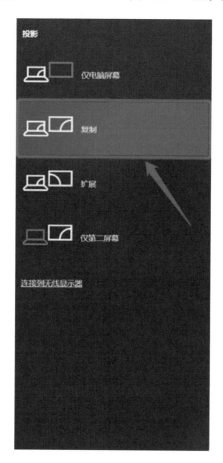

图 4-3　显卡的复制设置

2. 显卡的缩放设置

通常情况下，由于计算机屏幕尺寸的不同和显卡显示性能的差异，显卡会提供不同种缩放比例以满足用户的需求。在 LED 显示屏基础配置中，一般将缩放值设置为 100%，以保证显卡输出分辨率与发送卡分辨率对应，呈点对点（视频源中一个像素点对应 LED 显示屏上一个像素点）的方式，此时 LED 显示屏的显示效果最佳。

对计算机显卡进行缩放设置的常规操作步骤如下。

（1）在计算机桌面右击，在弹出的快捷菜单中选择"显示设置"选项。

（2）在"缩放与布局"选区，在"更改文本、应用等项目的大小"的下拉列表中选择"100%"选项，退出后该选项生效，如图 4-4 所示。

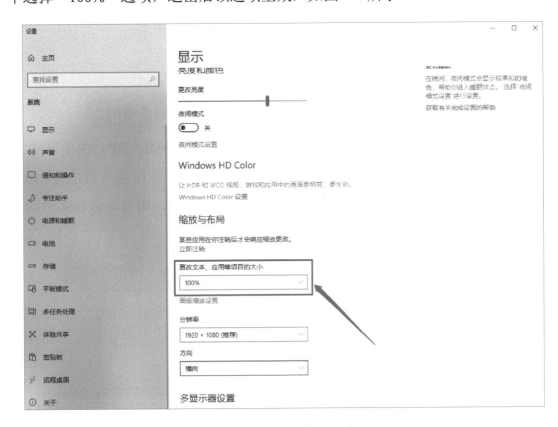

图 4-4　"缩放与布局"选区

4.1.2　发送卡设置

发送卡设置部分以诺瓦星云公司的基础配置软件 NovaLCT 为例，其他厂商的配置软件流程及逻辑与之类似。

1. 显示屏配置软件登录

打开 NovaLCT 软件，依次选择"登录"→"同步高级登录"命令，输入登录密码，打开软件主界面。NovaLCT 软件登录界面如图 4-5 所示。

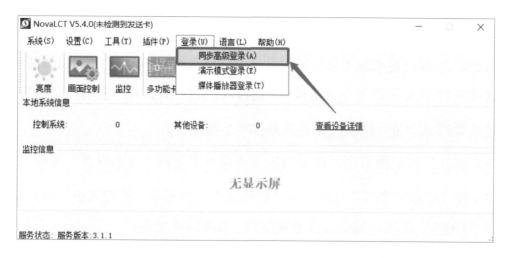

图 4-5　NovaLCT 软件登录界面

2. 输入源信息设置

输入源信息设置的目的是确保在发送卡上正确设置点对点输出。

（1）输入视频源的基本信息主要包括输入源类型（HDMI、DP、DVI 等）、分辨率（标准或自定义）、刷新率（24Hz、30Hz、50Hz、60Hz 等）、输入源位数（8bit、10bit、12bit）。输入或选择基本信息后单击"设置"按钮，即可完成视频源的设置，如图 4-6 中步骤"1"所示。

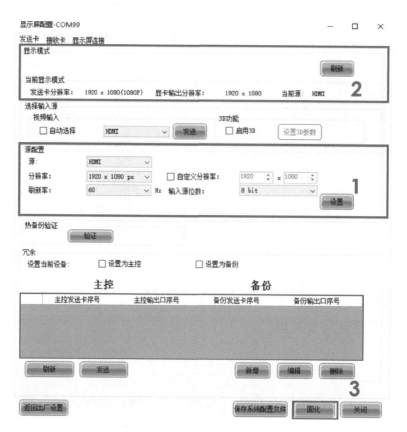

图 4-6　发送卡设置界面

（2）设置完成后，单击图 4-6 中步骤"2"中的"刷新"按钮，当发送卡分辨率与显卡输出分辨率一致时，便可确认为点对点输出。

（3）单击图 4-6 中步骤"3"中的"固化"按钮，对参数设置进行固化，这样即使发送卡断、上电，已设置好的参数也不会丢失。

▶ 4.1.3　接收卡设置

1．接收卡配置文件的加载

通常情况下，LED 箱体出厂时均会有对应的接收卡配置文件，文件中包含箱体中的模组信息、使用的驱动芯片、译码芯片、扫描方式、分辨率及影响 LED 箱体显示效果的参数信息，可以理解为接收卡配置文件就是使箱体正常显示的重要文件。在 NovaLCT 软件中，接收卡配置文件通常是后缀为"RCFGX"的文件。

将与箱体对应的配置文件载入系统的操作步骤如下。

（1）打开接收卡设置界面，单击界面下方的"从文件载入"按钮。配置文件载入如图 4-7 所示。

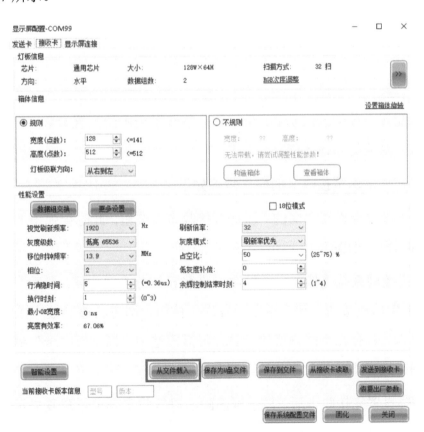

图 4-7　配置文件载入

（2）在弹出的路径对话框中选择文件位置，如图 4-8 所示，以文件类型为"RCFGX"、名称为"DEMO"的文件为例，选中该文件并单击"打开"按钮，这时就将"DEMO"的配置文件参数载入软件中了。载入完成后会出现"载入配置文件成功！"的提示，单击"确定"按钮即可，如图4-9所示。

（3）成功载入配置文件后，接收卡界面"灯板信息""箱体信息""性能设置"处的参数便会变为"DEMO"文件中的参数。

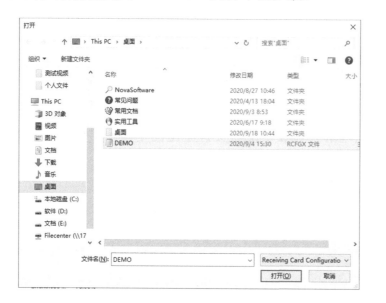

图 4-8　配置文件路径选择　　　　图 4-9　载入配置文件成功提示

2. 接收卡配置文件的发送

接收卡配置文件加载成功后，系统只是获取了正确的配置参数，还需要将其发送至接收卡，对应的箱体才能显示正常。

将配置文件发送至接收卡的操作步骤如下。

（1）单击接收卡设置界面的"发送到接收卡"按钮，此时会弹出"发送参数到接收卡"对话框，如图 4-10 所示。

（2）如果控制系统连接的所有接收卡带载箱体分辨率相同，参数一致，则选中"所有接收卡"单选按钮，然后单击"发送"按钮，即可将该参数广播发送至连接的所有接收卡。若存在不同规格的箱体，则需要选中"指定接收卡"单选按钮，然后从拓扑图中选择指定接收卡位置，进行发送。

（3）正确设置完接收卡后，显示屏的画面以接收卡为单位重复显示，显示的范围为视频源左上角接收卡带载大小的区域。图 4-11 所示为 8 张接收卡带载区域显示。这里强调接收卡的概念是因为在控制系统中，单张接收卡代表单个箱体，而实际情况下会存在一个物理箱体内包含两张接收卡的情况，此时在控制系统中要将其视为两个箱体。

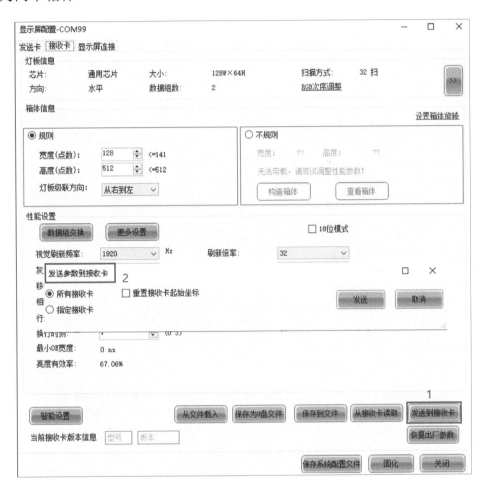

图 4-10 发送到接收卡

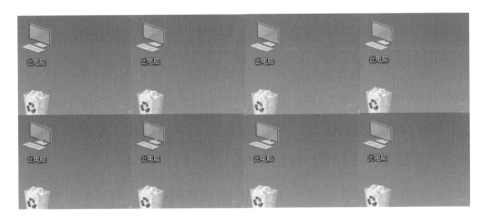

图 4-11 8 张接收卡带载区域显示

3. 接收卡配置文件的固化

将配置文件发送至接收卡后，文件中的所有参数已经成功应用至接收卡，但若想要接收卡断、上电后，该参数不丢失，则需要进行"固化"操作，将该参数写入接收卡的 Flash 存储器中。单击接收卡设置界面的"固化"按钮，按弹窗提示完成固化过程即可。固化成功后，会弹出"保存信息到硬件成功！"对话框，单击"确定"按钮即可，如图 4-12 所示。

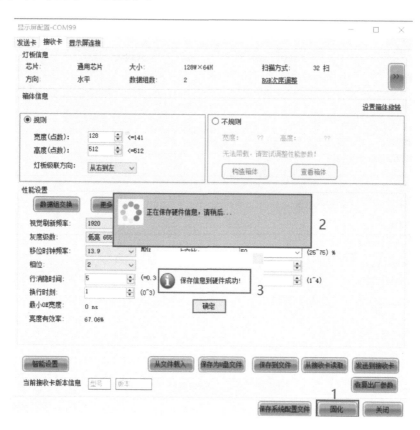

图 4-12　固化接收卡配置文件

4．接收卡配置文件的回读

当遇到以下两种情况时，需要进行回读接收卡配置文件的操作。

（1）当现场没有配置文件时，可以从显示正常的箱体中将参数回读，并保存到文件，如图 4-13 所示。

（2）当屏体存在部分箱体显示不正常时，可以从其他相同配置且正常显示的接收卡中回读出配置文件，并进行发送。

单击"从接收卡读取"按钮后，弹出"请选择接收卡"对话框，可依次选择发送卡序号、输出口序号、接收卡序号。回读接收卡配置文件如图 4-14 所示，发送卡序号、输出口序号、接收卡序号分别为 1、2、1，代表读取第 1 台发送卡的第 2 个输出网口下的第 1 张接收卡的参数。单击"确定"按钮，回读结束后，软件会提示"从接收卡回读信息成功"。此时接收卡界面的参数会进行刷新，变为回读之后的参数，将该参数发送到显示异常的接收卡，即可完成操作。

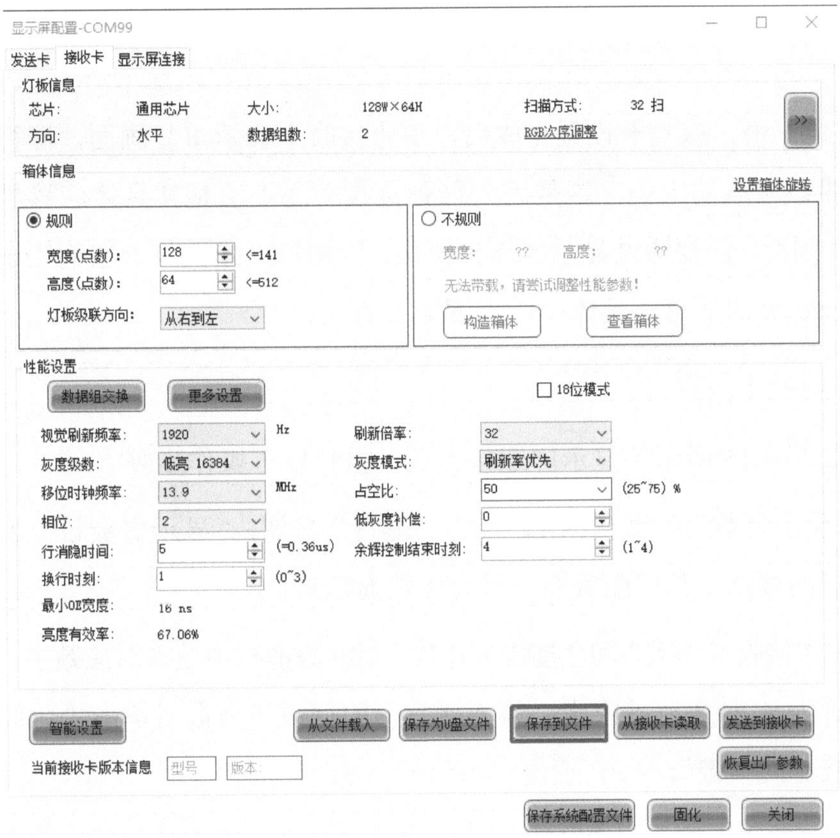

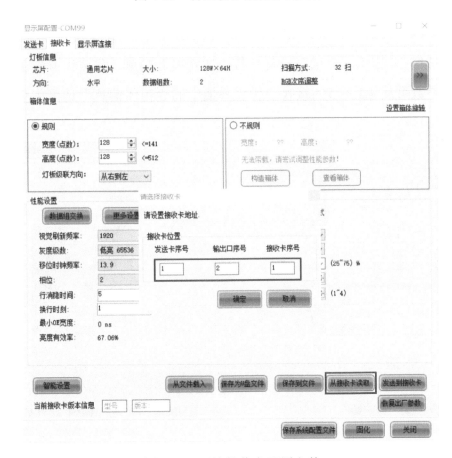

图 4-13　将回读参数保存到文件

图 4-14　回读接收卡配置文件

4.1.4 显示屏连接设置

在图 4-11 中，接收卡设置完成后，每张接收卡显示重复画面，即视频源左上方接收卡带载区域的大小，这是因为每张接收卡还不清楚其具体应该显示图像的坐标位置。因此，需要通过显示屏连接操作，告知每一张接收卡它们应该展示视频源图像哪一部分的信息，具体操作步骤如下所示。

1. 常规操作步骤

打开如图 4-15 所示的显示屏连接界面，执行以下操作步骤。

（1）"显示屏数目"默认为 1，单击"配置"按钮。"显示屏数目"表示控制系统中显示屏的数量，基础配置通常只有 1 块显示屏。

（2）在"接收卡列数"和"接收卡行数"后的数值框中填入对应数字，如图 4-15 所示，设置为 4 列 2 行接收卡，输入接收卡的行数和列数后单击"全部重置"按钮，或者按"回车键"。

（3）在"发送卡序号"选区能够看到当前控制系统下连接的发送卡数量，选择目标屏体对应连接的发送卡序号，同理需要选择该发送卡对应连接输出的网口序号。

（4）在"接收卡大小"选区设置接收卡的宽度和高度，即接收卡带载的区域大小，相关参数可从 4.1.3 节的接收卡设置界面中的"箱体信息"选区中获取。

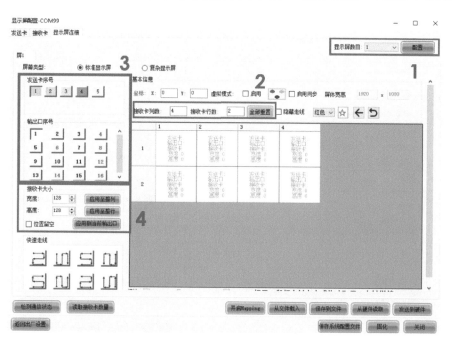

图 4-15　显示屏连接

　　完成上述设置后，即可开始显示屏连接的操作。显示屏连接参数发送如图 4-16 所示。

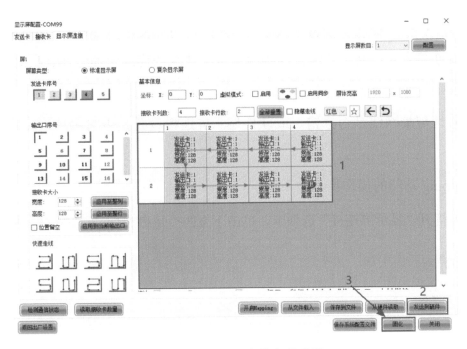

图 4-16　显示屏连接参数发送

　　（1）通过鼠标拖曳或使用键盘方向键完成显示屏连接，显示屏连接时需注意要从屏幕正前方（主视图）的角度去观察网线连接走向，之后在拓扑图上找到正确的起始点，开始连接。

　　（2）绘制完显示屏连接拓扑图后，单击"发送到硬件"按钮。

　　（3）将连屏信息发送至硬件后单击"固化"按钮，则显示屏连接信息就会成功保存在硬件中。

　　需要注意的是，显示屏连接信息是保存在发送卡里的，所以当更换发送卡时，需要重新设置显示屏连接信息。当显示屏连接完成时，屏体将会显示一个完整的画面，画面为视频源左上方显示屏分辨率大小区域。显示屏连接完成如图 4-17 所示。

图 4-17　显示屏连接完成

2．Mapping 功能

Mapping 功能的应用场景主要包括两种。

场景一：在工程现场安装调试一块新屏时，可以使用 Mapping 功能来判断正确的网线连接方式，而无须连接视频源设备，使现场连屏更加方便、快捷。

场景二：当显示屏画面未正常连接、存在乱序错位显示时，可以通过 Mapping 功能来验证现场网线是否插错，或软件显示屏连接设置是否与物理网线连接存在出入。

Mapping 功能的操作步骤如下所示。

（1）打开"显示屏连接"选项卡，单击下方的"开启 Mapping"按钮，如图 4-18 所示。

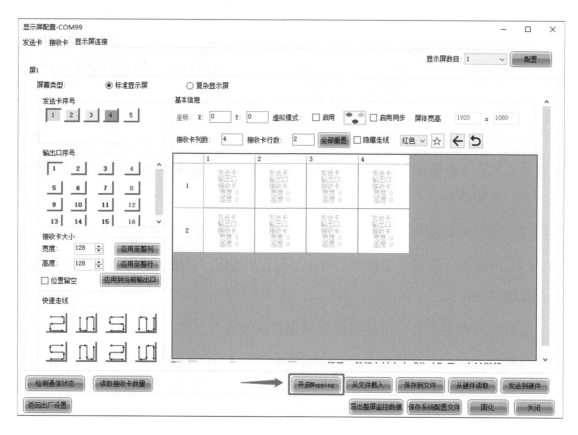

图 4-18　开启 Mapping 功能

（2）开启 Mapping 功能后，LED 显示屏的每个箱体便会显示该接收卡的物理连接信息。Mapping 功能演示如图 4-19 所示。其中，"S"指代发送卡，即当前通信串口下的第几台发送卡设备；"P"指代 Port，即输出网口；"#数字"表示该网口下的第几张接收卡。以图 4-19 所示的显示屏为例，该显示屏通过发送卡 1 进行带载，使用了 1 个网口即"网口 1"，共有 8 张接收卡连接。连接顺序为从右上角开始向左串联至第 4 张接收卡，之后连接至第二行的接收卡再向右依次完成网线连接。

图 4-19　Mapping 功能演示

（3）根据 Mapping 信息再次进行正确的显示屏连接操作，如图 4-20 所示。

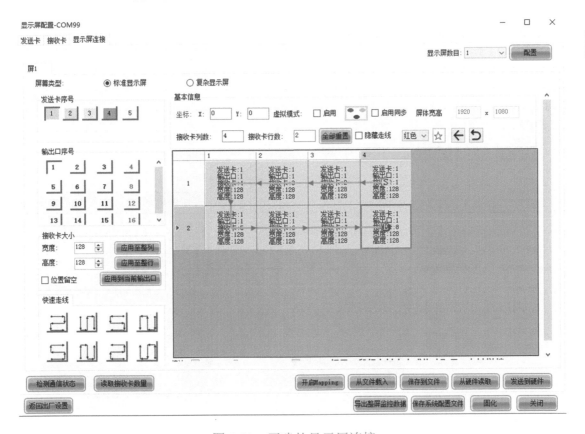

图 4-20　正确的显示屏连接

（4）重新发送并固化，LED 显示屏即可实现如图 4-21 所示的画面完整显示。

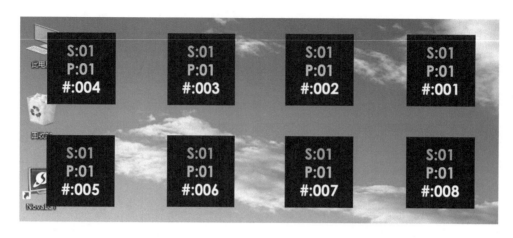

图 4-21　画面完整显示

3. 坐标偏移

在某些应用场景中，如果我们希望 LED 显示屏只显示视频源画面上某个特定位置的画面，则可以使用显示屏连接界面的坐标偏移功能来实现这一效果。

（1）在"显示屏连接"选项卡的"基本信息"选区，可以对 X 和 Y 的坐标值进行设置，从而实现坐标偏移。在图 4-22 所示的示例中，将连接图的 X 和 Y 值都设为 200，即全部偏移 200 个像素点。

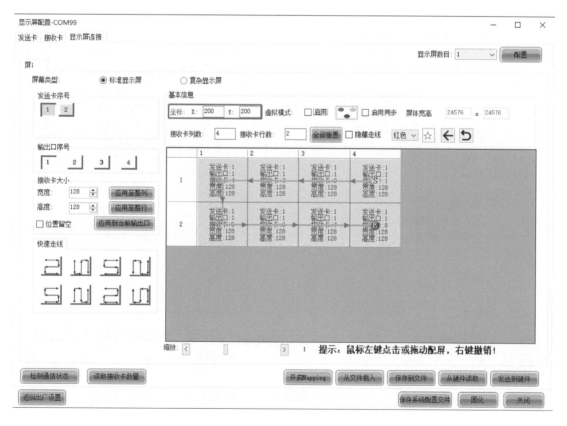

图 4-22　坐标偏移设置

（2）将参数信息发送到硬件之后固化下来，此时 LED 显示屏实际显示画面如

图 4-23 所示，画面将从桌面(200,200)坐标处开始显示。

图 4-23　偏移坐标后的显示画面

4．屏体留空

在一些创意项目中为了实现屏体的不规则造型，在搭建 LED 显示屏时，往往会采用一些镂空的安装方式，屏体镂空设计如图 4-24 所示。在进行 LED 显示屏连接操作时，该镂空区域并没有实际箱体连接信息，但为了使整体画面不改变，此区域的位置依然需要预留出来，此时需要利用屏体留空功能。

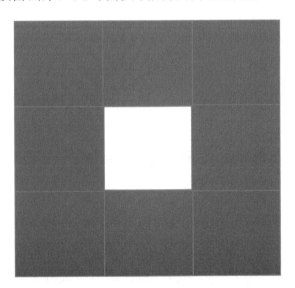

图 4-24　屏体镂空设计

假设在图 4-24 所示的 LED 显示屏的镂空设计区域，单个箱体的分辨率为 128×128 个像素点，则其显示屏连接操作如下：在"显示屏连接"选项卡的"接收卡大小"选区，对宽度和高度参数进行设置，并勾选"位置留空"复选框，即可实现显示屏镂空效果。屏体留空设置如图 4-25 所示，第 2 行第 2 列箱体的位置被设为"位置留空"。

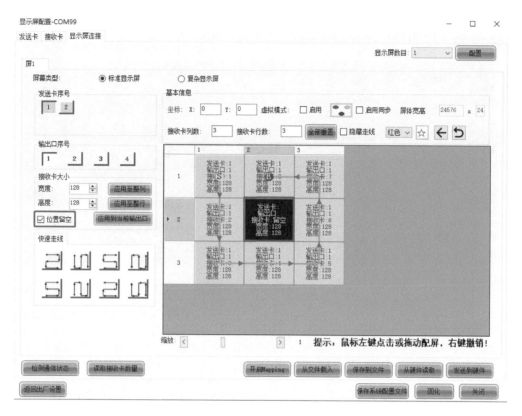

图 4-25　屏体留空设置

5．矩形带载原则

在 NovaLCT 软件的屏体设置中，为了提高控制系统发送卡和接收卡之间收发数据包的效率，赋予 LED 显示屏更加稳定的画面，许多控制系统厂商在显示屏连接操作中设计了"矩形带载"原则，即在数据处理时控制系统会将视频源画面按照矩形范围打包提供给后端接收卡，每张接收卡根据其自身带载屏体的位置从矩形数据包中获取属于自己的部分。这种设计原则会带来一定的弊端，那就是网口带宽资源会存在浪费。

例如，有一块如图 4-26 所示的异形构造屏体，虽然该网线实际只连接了 7 个箱体，但因为它基于一个"3×3 矩形"画布所建，因此在控制系统中，带载资源的使用会按照 9 个箱体计算。"矩形带载"原则在一定程度上提高了系统稳定性，却也造成了部分网口资源浪费，需要在前期设计方案时加以充分考虑，否则就会导致方案失效。

随着技术的发展和控制系统底层算法逻辑的优化，对于网口带宽的利用也变得越来越充分和高效。目前已经有控制系统厂商的带载计算逻辑是按照实际连接的箱体数量计算的，从而摆脱了"矩形带载"原则的限制，这也是未来控制系统发展的必然趋势。

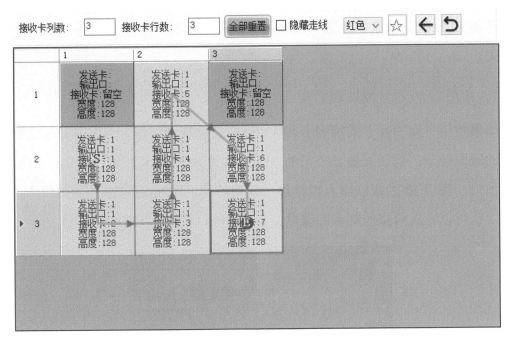

图 4-26　"矩形带载"规则

4.2　系统备份设置

　　冗余备份设置是租赁和固装业务中一项非常重要的功能。LED 显示屏在使用过程中经常会出现网线断开的问题，为了保证在网线断开的情况下 LED 显示屏仍能正常显示，诺瓦星云公司研发出了冗余备份功能。实现冗余备份功能的方式一共有三种，即同一发送卡不同网口之间的备份、级联发送卡之间的备份、非级联发送卡之间的备份。

　　假设在某工程项目中，一块 LED 显示屏由一台发送卡的两个输出网口带载，由另外两个输出网口进行备份，基于此，接下来分别介绍三种不同备份方式的设置方法。

▶▶ 4.2.1　发送卡级联备份

　　当 LED 显示屏的分辨率超出单台发送卡的带载能力时，通常会使用多台发送卡级联的方式来实现对 LED 显示屏的控制，此时就需要考虑将多台发送卡级联起来，让所有的发送卡处于同一个控制系统中，从而达到统一控制和调节的目的。

当前 LED 控制系统中发送卡级联的方式有很多种，主要与设备的级联接口设计有关。

1. 使用 5Pin 级联线实现级联

如果使用早期的裸卡式控制卡，要实现多张控制卡的级联，首先需要找到控制卡上的级联接口。以诺瓦星云公司的 MSD300 型号控制卡为例，其接口 J18 为级联输出口，接口 J6 为级联输入口。然后使用特殊的 5Pin 级联线，将 J18 与 J6 相连接，就可以完成两张控制卡的级联。使用 5Pin 级联线级联如图 4-27 所示。

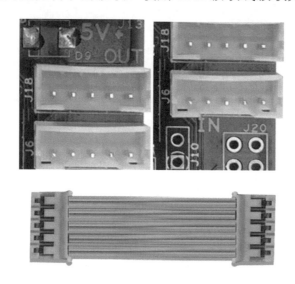

图 4-27　使用 5Pin 级联线级联

2. 使用航空头级联线实现级联

在从裸卡式控制卡向机壳式控制器演进的过程中，级联口也随之发生了变化，改为使用航空头的 5Pin 级联线，这种接口使用了卡扣设计，使得连接更加稳定。以诺瓦星云公司的 MCTRL300 为例，实际上就是把裸卡的级联信号引到机壳上，因此级联时需要使用航空头级联线，将第一台发送卡的 UART OUT 接口与第二台发送卡的 UART IN 接口相连接，完成级联操作。使用航空头级联线级联如图 4-28 所示。

图 4-28　使用航空头级联线级联

82

3. 使用网线实现级联

利用 5Pin 线材实现级联的方式，在工程现场存在着一定的使用弊端。因此，在诺瓦星云公司的升级产品 MCTRL660 中，级联接口被设计成了网口，如图 4-29 所示。作为工程现场最常用的线材，网线使得设备的级联变得轻而易举。只需要使用网线将第一台发送卡的 UART OUT 接口与第二台发送卡的 UART IN 接口相连接，即可完成级联操作。

图 4-29　使用网线级联

4. 使用 USB 线实现级联

虽然网线级联方便了许多，但是也有缺点，那就是网线的水晶头非常容易损坏，从而导致级联线松动、接触不良或级联信号不稳定，而 USB 接口相较更为稳定。于是在新研制的发送卡设备上，大部分控制系统厂商十分默契地将 USB 接口作为设备间级联的接口。使用 USB 线级联如图 4-30 所示。

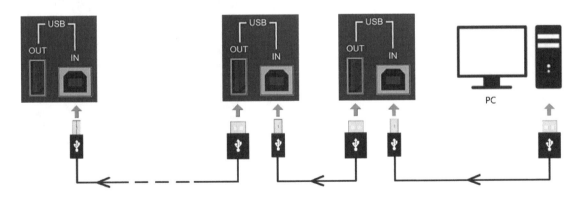

图 4-30　使用 USB 线级联

需要注意的是，只有同一型号的发送卡才能实现级联，不同型号的发送卡则不能实现级联。发送卡完成级联后，可以在 NovaLCT 软件主界面单击"查看设备详情"，在弹出的"设备类型总个数"窗口查看级联是否成功，如图 4-31 所示。当同一通信口下出现多台设备时，说明级联成功。

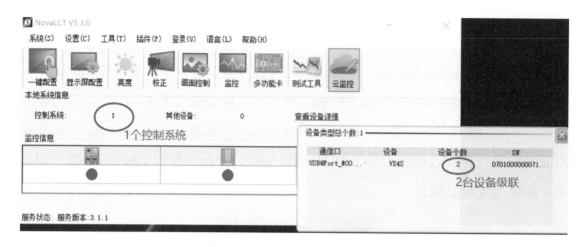

图 4-31　查看级联是否成功

▶ 4.2.2　同一发送卡不同网口之间的备份设置

1. 系统架构

以诺瓦星云公司的视频控制器 **VX4S** 为例，介绍其系统架构。同一发送卡不同网口之间的备份系统架构如图 **4-32** 所示，屏体使用发送卡的网口 1 带载，使用网口 2 作为网口 1 的备份。因此，在硬件连接上需要使用网线将发送卡的网口 2 与显示屏最后一张接收卡的最后一个网口相连，使整个系统形成一个闭合环路。

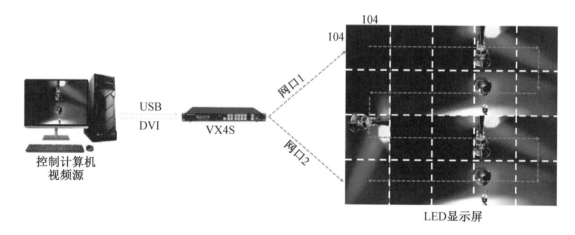

图 4-32　同一发送卡不同网口之间的备份系统架构

2. 软件设置

硬件连接好后，进行软件设置，步骤如下所示。

（1）登录并打开 NovaLCT 软件主界面，可看到控制系统数量为 1。单击"查看设备详情"超链接，在弹出的"设备类型总个数:1"对话框中可看到"设备个数"为 1，即发送卡的数量为 1，如图 4-33 所示。

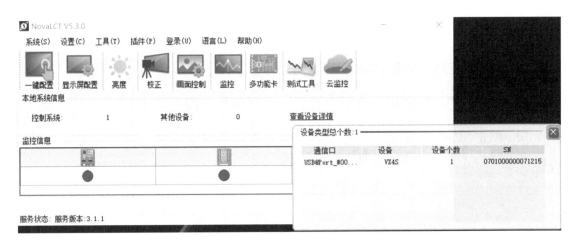

图 4-33　查看控制系统和发送卡数量

（2）根据实际连线方式，在 NovaLCT 软件上进行屏幕连接，使屏幕显示正常，如图 4-34 所示。如果屏幕连接错误，则备份设置不能正常工作。

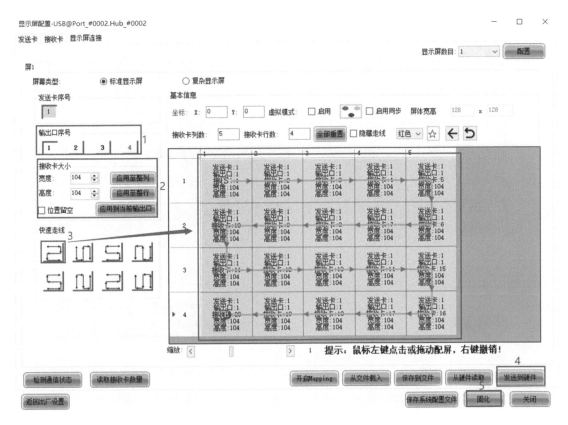

图 4-34　进行屏幕连接

（3）进入"发送卡"选项卡界面，进行冗余备份设置，如图 4-35 所示。

① 在"发送卡"选项卡界面，单击下方的"新增"按钮，打开"冗余设置"对话框。

② 添加冗余备份信息：将"主控输出口序号"设为 1，"备份输出口序号"设

为 2，表示网口 2 是网口 1 的备份。

③ 单击"新增"按钮，确认所有网口设置正确。

④ 单击"发送"按钮，将所有设置发送至硬件，即发送卡。

⑤ 单击"固化"按钮，将冗余备份信息固化至发送卡内，即可完成冗余备份设置。

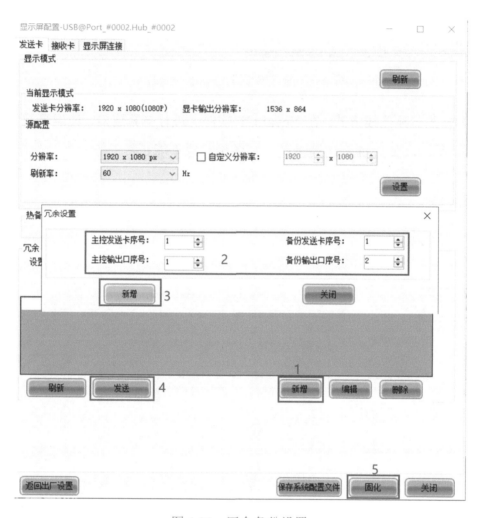

图 4-35　冗余备份设置

4.2.3　级联发送卡之间的备份设置

1. 系统架构

依然以诺瓦星云公司的视频控制器 VX4S 为例，发送卡之间通过 USB 线级联，前端的视频源计算机通过视频处理器提供两个相同的视频源信号并分发至两台发送卡。第一台发送卡使用网口 1 和网口 2 带载屏幕，第二台发送卡使用网口 1 和网口 2 备份，形成闭合环路，级联发送卡之间的备份系统架构如图 4-36 所示。

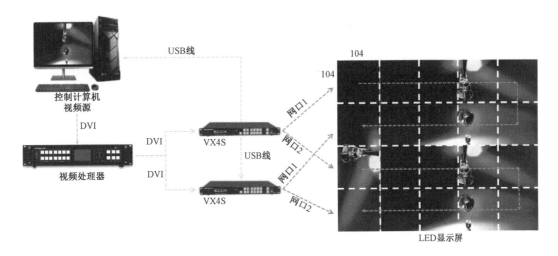

图 4-36　级联发送卡之间的备份系统架构

2. 软件设置

（1）登录并打开 NovaLCT 软件主界面，主界面显示控制系统的数量为 1。打开"设备类型总个数:1"对话框，可看到"设备个数"为 2，即发送卡的数量为 2，这表示两台发送卡是级联起来的。单个系统+两台发送卡如图 4-37 所示。

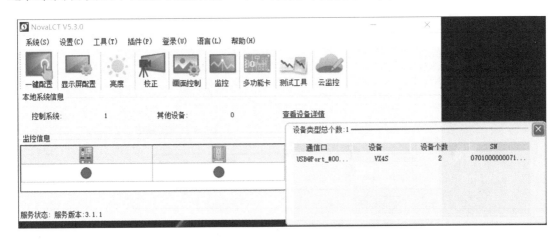

图 4-37　单个系统+两台发送卡

（2）根据实际连线方式，在 NovaLCT 软件上使用发送卡 1 进行屏幕连接，使屏幕显示正常，如图 4-38 所示。如果屏幕连接错误，则备份设置不能正常工作。

（3）进入"发送卡"选项卡界面，进行备份设置，如图 4-39 所示。

① 在"发送卡"选项卡界面，单击下方的"新增"按钮，打开"冗余设置"对话框。

② 添加冗余备份顺序，将"主控发送卡序号"设为 1，"备份发送卡序号"设为 2，"主控输出口序号"设为 2，"备份输出口序号"设为 2，即表示第二台发送卡的网口 1 是第一台发送卡网口 1 的备份。

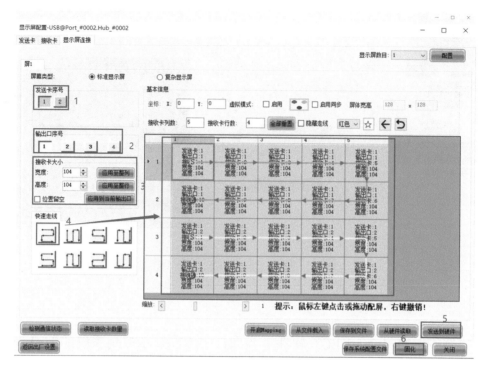

图 4-38　使用发送卡 1 进行屏幕连接

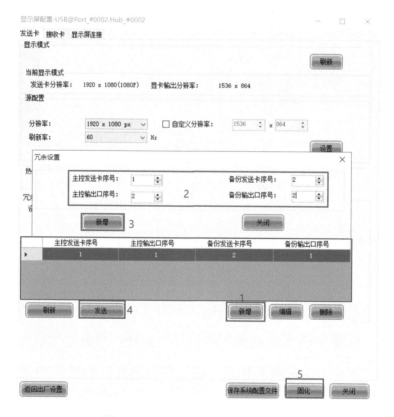

图 4-39　"发送卡"选项卡界面

③ 单击"新增"按钮，确认所有网口设置正确，如有更多的网口对应关系，可同理一一添加。

④ 单击"发送"按钮，将所有备份设置发送到硬件。

⑤ 最后单击"固化"按钮，将冗余备份信息固化至发送卡内，即可完成备份
设置。

4.2.4 非级联发送卡之间的备份设置

1．系统架构

非级联发送卡之间的备份系统架构与级联发送卡的系统架构大致一样，主要
区别在于非级联的情况下，两台发送卡分别通过 USB 线连接至上位机控制计算机，
即当前架构存在两个独立的控制系统，如图 4-40 所示。

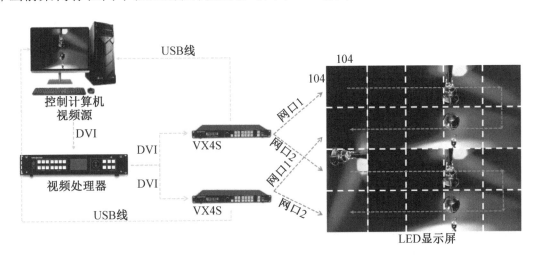

图 4-40   非级联发送卡之间的备份系统架构

2．软件设置

（1）登录并打开 NovaLCT 软件主界面，在主界面可看到控制系统个数为 2，
在"设备类型总个数:2"对话框中，显示系统中有两个独立的通信口，即控制系统
有两个、发送卡的数量是 2。两个控制系统+两台发送卡如图 4-41 所示。

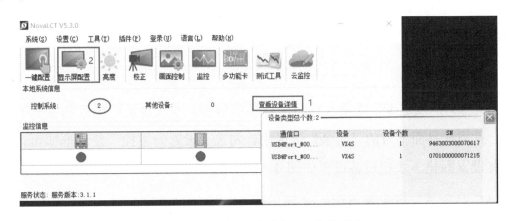

图 4-41   两个控制系统+两台发送卡

（2）在单击 NovaLCT 软件主界面的"显示屏配置"按钮时，会弹出对话框，如图 4-42 所示。在本例中，选择通信口"USB@Port_#0002.Hub_#0002"作为主控设备，根据显示屏实际连线方式，在 NovaLCT 软件上进行显示屏连接，使屏幕显示正常，如图 4-43 所示。

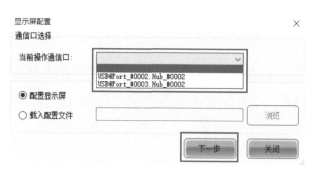

图 4-42　主控设备设置

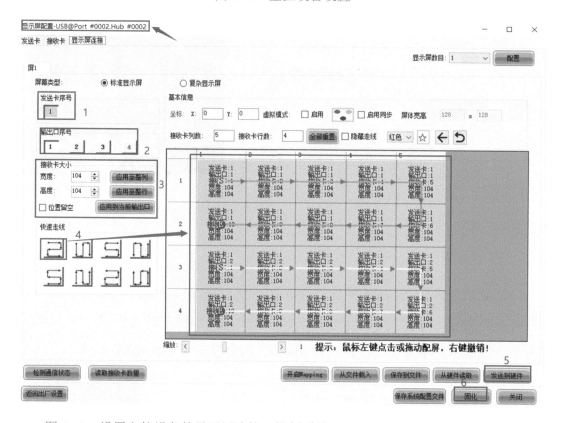

图 4-43　设置主控设备的显示屏连接（控制系统 USB@Port_#0002.Hub_#0002）

（3）打开"发送卡"选项卡界面进行备份设置，本次设置不再添加备份的对应关系，只需在界面下方的"冗余"选区中，勾选"设置为主控"复选框即可，然后将所有设置固化。主控设备设置如图 4-44 所示。

（4）回到显示屏配置页面，选择另外一个通信口进行配置，即"USB@Port_#0003.Hub_#0002"通信口。该通信口下的发送卡为备份设备，此时需要做一遍与主控设备相同的显示屏连接操作。设置备份设备的显示屏连接如图 4-45 所示。

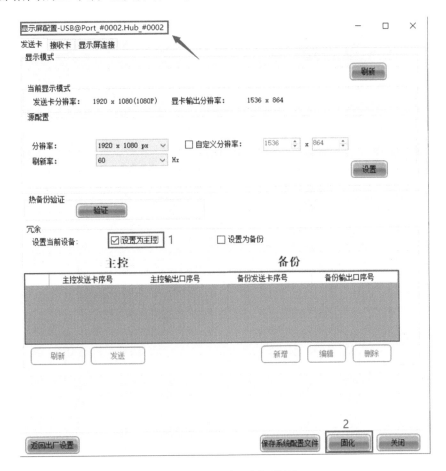

图 4-44　主控设备设置

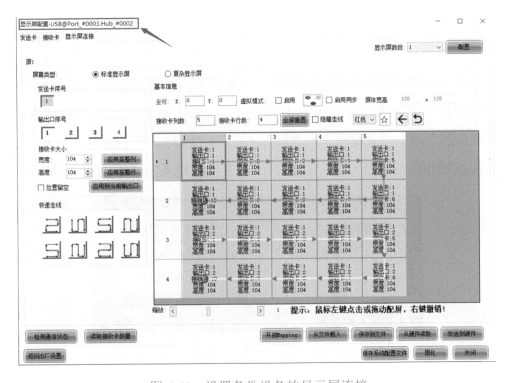

图 4-45　设置备份设备的显示屏连接

（5）再次进入"发送卡"选项卡界面进行备份设置，此时只需勾选"设置为备份"复选框即可，然后将所有设置固化。备份设备设置如图 4-46 所示。

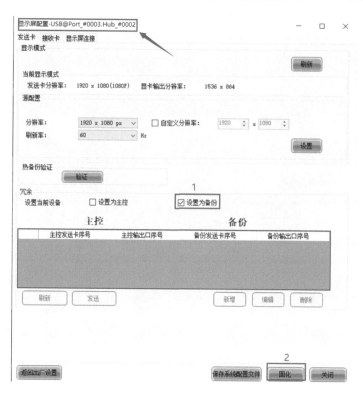

图 4-46　备份设备设置

▶ 4.2.5　硬件设置备份

对于非级联发送卡的备份设置，在使用硬件完成显示屏连接之后，也可以直接通过发送卡的前面板进行冗余备份设置。这里依然以诺瓦星云公司的 VX4S 为例，介绍具体操作。硬件设置备份如图 4-47 所示。分别在两台发送卡的前面板依次选择"高级设置"→"冗余设置"→"设为主控"/"设为备份"命令。不同型号发送卡的前面板操作逻辑大致相同，具体操作可参见该型号发送卡的用户手册。

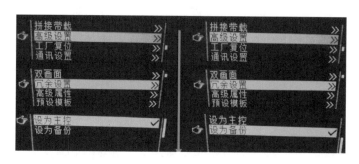

图 4-47　硬件设置备份

第 5 章

控制系统软硬件常用功能操作

5.1 控制器箱体配置文件导入

一张接收卡带载的模组区域被视为一个箱体，控制器箱体配置文件即第 4 章提到的接收卡配置文件，其后缀为"RCFGX"，里面储存了模组信息和接收卡参数设置信息。只有发送并固化了正确的配置文件至接收卡内，LED 显示屏才能被点亮且显示正常的画面。

在 LED 显示屏控制系统搭建好后，一般情况下可直接通过控制计算机来进行显示屏配置。但在一些特定情况下，借助显示屏调试软件中的"控制器箱体配置文件导入"这一功能可以简化显示屏配置的步骤，为显示屏调试人员、维护人员或客户带来方便。本节将从应用场景和操作步骤两个方面出发，介绍控制器箱体配置文件的导入。

5.1.1 应用场景

在工程项目实践中，经常会遇到这样的场景：现场某块显示屏的一张接收卡损坏，更换备用接收卡后，需要重新发送接收卡配置文件至新的接收卡，然而客户非专业技术人员，控制计算机没有安装 LED 显示屏调试软件。怎样才能协助客户快速解决这一问题呢？常用的解决办法是，确认控制计算机可以和发送卡建立通信连接→给客户发送调试软件安装包→收集接收卡及模组基本信息→将匹配的配置文件发送给客户→将配置文件导入调试软件中，然后发送至接收卡，这样就可以完成配置文件的导入。

在上述场景中，配置文件是通过计算机导入的，一旦某个环节出现问题，如前端没有用到控制计算机，将导致解决方案步骤烦琐、耗时加长甚至方案失效。如果提前将配置文件保存至发送卡中，当配置文件在箱体中遇到问题时，就可以通过发送卡重新发送配置文件至箱体中，这样就能大大简化发送配置文件的流程。

控制器箱体配置文件导入功能主要用于脱机调试 LED 显示屏，常见于租赁应用场景，该功能的优势如下：

（1）前期使用该功能并结合发送卡发送显示屏连线图的功能，可实现脱机调试 LED 显示屏，调试过程不受计算机软件的束缚，可快速完成脱机发送配置文件，省时省力。

（2）可对多个配置文件进行备份，后期不同的项目中若出现更换接收卡或接收卡配置文件丢失的情况，可快速将配置文件从发送卡发送至接收卡，为后期显示屏的正常显示保驾护航。

控制器箱体配置文件导入功能虽然在显示屏调试及后期维护上有较大的优势，但也有一定的使用限制：

（1）不适用于无液晶面板的发送卡。

（2）不支持不规则箱体的配置文件。

（3）当单台发送卡带载区域内存在不同箱体规格时，不建议使用此功能。

由于保存在发送卡中的配置文件将被固化至所有接收卡，当一块 LED 显示屏由多种不同大小的箱体组成时，设备前面板无法进行指定区域发送的操作，强行发送配置文件会导致屏体部分区域显示异常。在这种情况下，需要借助控制计算机修改相关参数，将配置文件发送并固化至显示屏箱体的接收卡。

5.1.2　操作步骤

控制器箱体配置文件导入功能需要借助显示屏调试软件和发送卡来实现，本节以诺瓦星云公司的调试软件 NovaLCT（V5.4.0）与诺瓦星云公司的视频控制器 V1160 为例，介绍其操作步骤。

1. 将配置文件导入控制器

（1）登录并打开 NovaLCT 软件主界面，选择"工具"→"控制器箱体配置文件导入"命令，如图 5-1 所示。

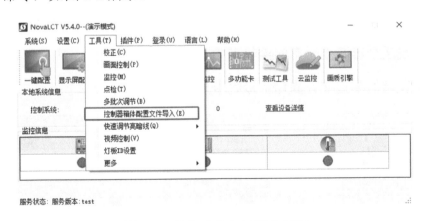

图 5-1　软件功能入口操作界面

（2）打开"控制器箱体配置文件导入"对话框，单击"添加配置文件"按钮，在弹出的添加窗口中选择箱体配置文件。添加成功后，配置文件名称会显示在空白区域中，单击"保存更改到硬件"按钮，即可将配置文件导入控制器中。配置文件的导入与保存如图 5-2 所示。根据不同的设置需求，可更改文件名、删除配置文件及更改控制器名称。

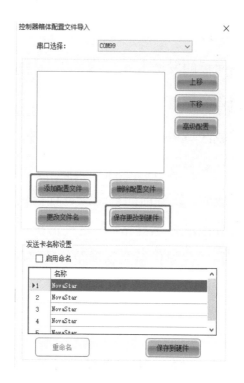

图 5-2　配置文件的导入与保存

2. 将配置文件从控制器发送并固化到屏幕箱体接收卡中

（1）在诺瓦星云公司的视频控制器 V1160 主菜单界面，旋转旋钮，依次选择"高级设置"→"智能配屏"→"载入箱体配置文件"命令，进入"发送箱体配置文件"界面。

（2）旋转旋钮，选择导入的箱体配置文件名称，按下旋钮，系统会将选中的箱体配置文件发送至屏幕上所有的接收卡中。

（3）将发送的配置文件固化至接收卡，操作步骤如图 5-3 所示。

图 5-3　发送箱体配置文件

5.2 亮度调节

　　显示屏安装完成后，通常刚开始时屏体的亮度为最高值。但在实际使用过程中，不同客户、不同使用环境可能会对 LED 屏体亮度有不同的需求。例如，对于户外 LED 显示屏来说，要考虑阳光直射等因素，客户往往需要屏体运行在较高的亮度下才能保证画面显示更加清楚。而对于一块室内 LED 显示屏来说，一般要求其具备一定的亮度即可，因为过高的亮度极易导致人眼视觉疲劳。这就要求我们根据实际环境和显示需求，灵活调节屏体的亮度，以保障最佳的视觉体验效果。接下来就以诺瓦星云公司的控制系统为例，介绍 LED 显示屏亮度调节的操作。

5.2.1 手动调节

1. 应用场景

　　手动调节 LED 显示屏亮度的操作，常应用于项目现场需要实时调节 LED 屏体亮度的情况。

2. 操作步骤

　　（1）登录并打开 NovaLCT 软件主界面，单击"亮度"图标，进入"亮度调节"对话框，如图 5-4 所示。

图 5-4　"亮度调节"对话框

（2）选中"手动调节"单选按钮，拖动亮度滑块调节亮度值，也可在数值框中直接键入 0~255 区间的任意值实现快速调节，或者观察数值框后面括号中的百分比数值进行调节。

（3）在"亮度调节"对话框下方的"高级设置"选项中，用户可根据自己的需求选择"灰度优先模式"或"对比度优先模式"。在"灰度优先模式"下，灰度比较高，控制系统会优先保证显示屏的灰度效果，这种模式常应用于室内屏体；在"对比度优先模式"下，控制系统会优先保证显示屏的对比度效果，这种模式常应用于户外屏体。

▶▶ 5.2.2 自动调节

1. 应用场景

在生活中我们经常可以看到高速公路旁矗立着一块块 LED 显示屏，用于显示交通路况及通知信息。白天的时候处于阳光直射的环境，LED 显示屏需要较高的亮度才能让路过的司机看得清楚；晚上的时候环境亮度下降，此时屏体亮度若过高，反而会危及过往司机的驾驶安全。因此，在现实生活中，我们需要根据不同时间段或者不同的环境亮度来调节 LED 显示屏的亮度，此时就需要用到"自动调节"功能。

2. 操作步骤

（1）登录并打开 NovaLCT 软件主界面，单击"亮度"图标，进入"亮度调节"对话框。

（2）选中"自动调节"单选按钮，单击"向导设置"按钮，在"向导设置-类型选择"界面中可以看到"高级调节"和"光探头调节"两种模式，如图 5-5 所示。

（3）时间表调节。使用"高级调节"功能，可以通过设置使得 LED 显示屏在不同的时间段自动显示不同的亮度。例如，对于一块高速公路旁的 LED 显示屏，白天由于阳光直射的原因，屏体需要较高的亮度才能显示出清晰的信息，晚上由于环境亮度降低，过高的屏体高亮则会对驾驶员的驾驶安全构成威胁，因此夜间需要将屏体亮度调低。例如，在如图 5-6 所示的界面中，将 LED 显示屏的亮度在 8:00 时设为 100%，在 18:00 时设为 10%，则显示屏的亮度在 8:00—18:00 时间段内为 100%，在 18:00—8:00 时间段内为 10%。用户也可以根据具体的需求进行细分设置。

图 5-5　"向导设置-类型选择"界面

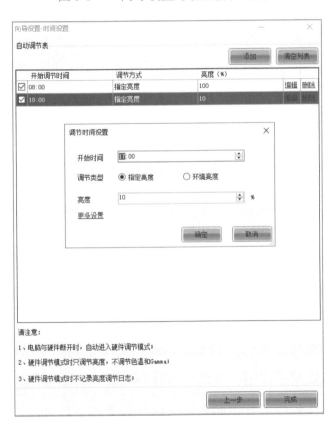

图 5-6　"自动调节表"界面

（4）光探头调节。"光探头调节"功能是指控制器外接光探头，根据光探头测量的环境亮度来自动调节屏体的亮度。"光探头配置"对话框如图 5-7 所示，使用诺瓦星云公司的 MCTRL600 控制器连接光探头后，"光探头配置"对话框会自动显示当前环境亮度值，可以在不同环境亮度下设置不同屏体亮度，以及光探头失效时屏体的显示亮度。诺瓦星云公司的 NS060 型光探头如图 5-8 所示，黑色部分为光感应部分，可以感应环境光的亮度，然后通过白色信号传输线把感应到的亮度值传输给控制器，最终显示在控制软件上。

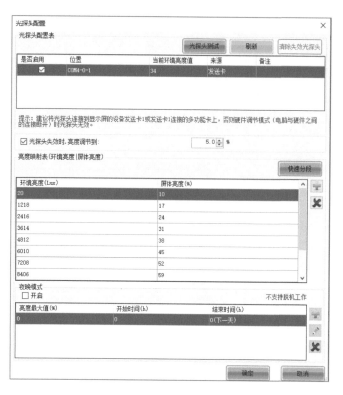

图 5-7   "光探头配置"对话框　　　　　图 5-8   诺瓦星云公司的 NS060
型光探头

5.3   固件程序升级及查询

固件程序即系统控制指令的合集，系统所需实现的所有功能均可从中调用获取，无论是发送卡还是接收卡，若没有固件程序都将无法使用。

我们需要对固件程序进行定期升级，这样做有以下好处：

（1）修复已知 Bug，优化产品功能，增强系统稳定性。

（2）实现对新增功能的应用。

（3）解决因固件程序不一致导致的画面显示效果差异问题。

用户可以通过访问设备对应厂商的官方网站下载固件程序，图 5-9 所示为诺瓦星云官方网站固件程序"下载中心"界面，用户可以根据自己的需求进行下载。

图 5-9　诺瓦星云官方网站固件程序"下载中心"界面

固件程序下载完毕后，可按以下步骤进行安装。

（1）登录并打开 NovaLCT 软件主界面，单击空白处，输入"admin""666888""123456"，系统会弹出程序升级界面，如图 5-10 所示。

图 5-10　程序升级界面

（2）单击"浏览"按钮，选择程序存储的路径，注意选中的是固件程序解压后的最后一个子文件夹，如图 5-11 所示。选定文件夹后，单击"更新"按钮即可。

图 5-11　程序更新路径选择

（3）固件程序更新成功之后，可以单击"刷新"按钮，查看当前固件版本是否和升级版本一致，如一致则表示升级成功，如图 5-12 所示。

图 5-12　确认升级是否成功

5.4 预存画面

1. 应用场景

LED 显示屏的系统结构比较复杂，包含视频源设备、控制器与接收卡等多种设备，并通过 HDMI 线、RJ45 网线等多种线材进行连接，所以发生故障的可能性较高，且一旦发生故障就难以迅速解决。解决这个问题的办法是使用"预存画面"功能，当出现网线或视频信号线断开的意外时，失去信号的屏体部分仍可显示已预存的图像，而不是黑屏。

在某些应用场景中，人们会把一张海报图片或 LOGO 图片设置成开机画面，这样上电之后不需要连接控制器和网线，从而大大降低了设备的使用复杂度。

2. 如何设置预存画面

（1）登录并打开 NovaLCT 软件主界面，单击"设置"按钮，进入"预存画面设置"对话框，如图 5-13 所示。设置之前，首先保证屏体连接正常，控制计算机和控制器直连，中间无其他第三方设备，控制计算机显卡设置为点对点显示，无缩放。

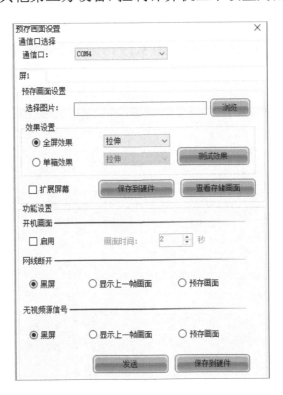

图 5-13　"预存画面设置"对话框（1）

（2）单击"浏览"按钮，选择预存画面的保存路径，如图 5-14 所示。

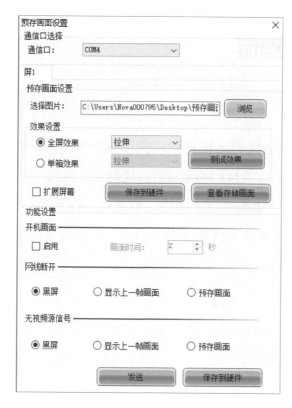

图 5-14　"预存画面设置"对话框（2）

（3）在"效果设置"选区可以选择"全屏效果"或"单箱效果"。"全屏效果"是指整个显示屏显示一幅预存画面，"单箱效果"是指每个箱体都显示一幅预存画面。以一个 4 列 5 行的屏体为例，图 5-15 所示为全屏效果，图 5-16 所示为单箱效果。

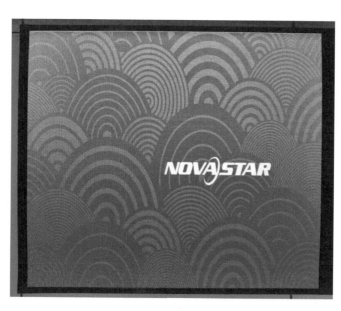

图 5-15　全屏效果

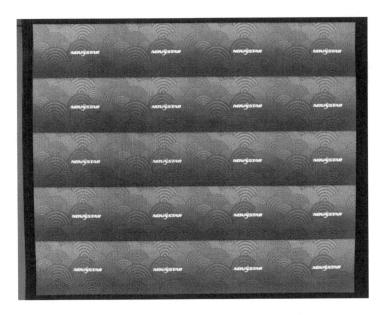

图 5-16　单箱效果

（4）用户还可以根据自己的喜好，将"全屏效果"设为"平铺""拉伸""居中"。单击"保存到硬件"按钮，把预存画面保存到接收卡，如图 5-17 所示。

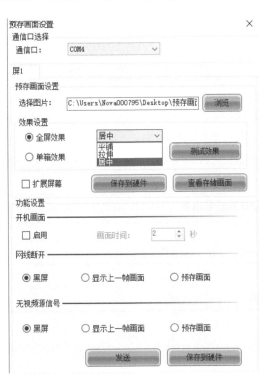

图 5-17　设置"全屏效果"

（5）在"功能设置"选区，用户可以通过"开机画面"功能，设置开机启用预存画面显示的时间；通过"网线断开"和"无视频源信号"功能，设置当网线断开或无视频源信号时，当前显示屏显示的画面，目前支持"黑屏""显示上一帧画面""预存画面"三种模式。

5.5 控制器前面板操作

在控制器的发展历程中，我们介绍过它经历了上位机软件控制到增加硬件、前面板硬件操作的控制，因此在当前 LED 显示屏控制系统行业，几乎所有新型的同步控制器产品都配备了旋钮和液晶显示屏，支持通过控制器的前面板完成部分功能的简单设置。下面以图 5-18 所示的诺瓦星云公司的 MCTRL660 PRO 前面板为例，简单介绍控制器前面板的常用功能。

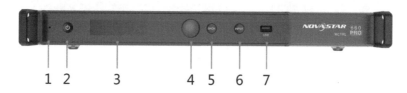

图 5-18 诺瓦星云公司的 MCTRL660 PRO 前面板

前面板旋钮功能说明如表 5-1 所示。

表 5-1 前面板旋钮功能说明

编号	说明
1	运行指示灯 ● 绿色：正常工作 ● 红色：待机
2	待机键
3	OLED 操作显示屏
4	功能旋钮
5	BACK，返回上级菜单
6	INPUT，用于选择视频源
7	USB，用于固件升级

5.5.1 输入设置

1. 输入视频源设置

MCTRL660 PRO 输入的视频源可以为 3G-SDI、Single-Link DVI、HDMI 1.4a 格式，匹配外部输入视频源类型进行选择。

输入视频源设置步骤如图 5-19 所示。

（1）按下旋钮，进入主菜单。

（2）选择"输入设置"→"输入视频源"命令，进入子菜单。

（3）选择目标视频源，按下旋钮，确定应用。

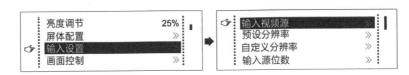

图 5-19 输入视频源设置步骤

在操作过程中，需注意以下三个要点：

（1）同一时刻，输入视频源只能选择一个。

（2）输入隔行 SDI 视频源时，不支持启用低延迟。

（3）输入 SDI 视频源时，不支持输入源位数调节、预设分辨率、自定义分辨率和画面镜像翻转功能。

2. 输入分辨率设置

通过选择预设分辨率和预设刷新率，可以对输入分辨率进行设置，如图 5-20 所示。

（1）按下旋钮，进入主菜单。

（2）选择"输入设置"→"预设分辨率"命令，进入子菜单。

（3）选择预设分辨率和预设刷新率，按下旋钮，确定应用。

图 5-20 输入分辨率设置

需注意的是，当输入的视频源格式为 SDI 时，不支持输入分辨率设置。

▶▶ 5.5.2 快捷点屏

快捷点屏即快捷连屏，当控制器未正确设置连屏时，常会出现如图 5-21 所示的屏幕乱序现象，虽然接收卡配置文件正确，但 LED 显示屏会以箱体为单位，乱序或重复地显示图像。此时，利用控制器前面板可快速完成连屏设置。

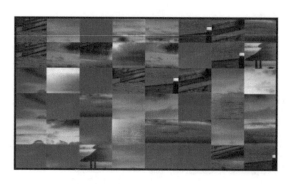

图 5-21　屏幕乱序现象

快捷点屏的操作步骤如图 5-22 所示。

（1）按下旋钮，进入主菜单。

（2）选择"屏体配置"→"快捷点屏"命令，进入子菜单。

（3）启用"快捷点屏"功能，并设置其他选项。例如，设置显示屏带载箱体的行数、列数、网口 1 带载箱体数，以及屏体走线方式。

（4）完成后按下 Esc 键，结束快捷点屏操作。

图 5-22　快捷点屏的操作步骤

5.5.3　画面控制

使用画面控制功能可以控制显示屏当前画面的显示状态，包含正常显示、画面黑屏、画面冻结和测试画面 4 种。其中，正常显示是指正常播放当前输入源的内容；画面黑屏是指显示屏黑屏，不显示画面，后台播放不停止；画面冻结是指显示屏仅显示冻结时的画面，后台播放不停止；测试画面是指显示屏显示用于测试显示效果和灯点工作状态的测试画面，测试画面共 8 种，包含纯色和线条。

画面控制的操作步骤如图 5-23 所示。

（1）按下旋钮，进入主菜单。

（2）选择"画面控制"命令，进入子菜单。

（3）选择画面控制方式，按下旋钮，确定应用。

图 5-23　画面控制的操作步骤

5.5.4　亮度调节

使用亮度调节功能，可以根据当前的环境亮度和人眼的舒适度，调节 LED 显示屏的亮度数值。合理调节显示屏亮度，可延长灯珠的使用寿命。亮度调节的操作步骤如图 5-24 所示。

（1）按下旋钮，进入主菜单。

（2）选定"亮度调节"命令，按下旋钮，进行调节。

（3）旋转旋钮调节亮度数值，显示屏会实时显示调节效果，调节完毕后按下旋钮，确定应用。

图 5-24　亮度调节的操作步骤

5.5.5　系统设置

系统设置功能包括工厂复位、返回主界面时长、OLED 亮度调节和硬件版本。其中，工厂复位是指将本机设置的参数恢复至出厂时的默认参数；返回主界面时长是指不进行任何操作时，停留在当前界面的时间，可调节范围为 30～3600s；OLED 亮度调节是指对 MCTRL660 PRO 操作屏亮度进行调节，可调节数值范围为 6～15；硬件版本是指查看本机的硬件版本，如有新版本发布，可通过 NovaLCT 软件及时进行固件升级。系统设置操作步骤如图 5-25 所示。

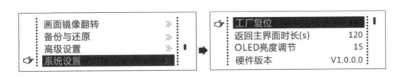

图 5-25　系统设置操作步骤

第 6 章

LED 显示屏的
同步播放

6.1　视频源同步播放的概念

LED 显示屏配置好后，就需要实现对前端输入内容的播放，如果这部分内容需要实时播放，我们就称之为 LED 显示屏的同步播放，即 LED 显示屏将前端提供的视频源实时播放到 LED 显示屏上。

视频源同步播放所需要的基础硬件设备如表 6-1 所示。

表 6-1　视频源同步播放所需要的基础硬件设备

设备名称	设备功能
计算机/多媒体播放盒等	提供标准的视频源输出
发送卡/控制器	接收前端计算机/多媒体播放盒提供的视频源并发送到 LED 显示屏
LED 显示屏	接收前端发送卡/控制器提供的视频源并进行显示

LED 显示屏实现视频源同步播放的系统结构如图 6-1 所示。计算机、发送卡/控制器、LED 显示屏是实现 LED 显示屏同步播放最基本的硬件，通过此系统可将前端视频源实时显示到 LED 显示屏上。为了保障实际播放效果，还需要考虑分辨率的问题。前端视频源分辨率、发送卡/控制器分辨率及 LED 显示屏分辨率存在着对应关系，只有当三者的分辨率达到相应的比例关系时，LED 显示屏才能呈现出理想的播放效果。

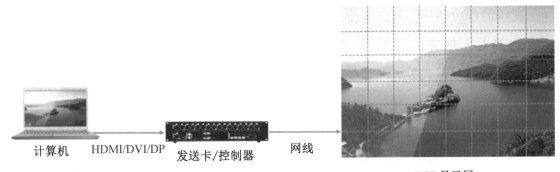

图 6-1　LED 显示屏实现视频源同步播放的系统结构

按照视频源呈现的方式，可将视频源同步播放分为视频源直接播放、视频源效果播放两种，下面分别对它们进行介绍。

6.2 视频源直接播放

视频源直接播放是指将前端多媒体设备输出的视频源，通过发送卡/控制器直接显示到 LED 显示屏上。

正常情况下，LED 显示屏显示的内容是完整的视频源内容，前端视频源经过发送卡/控制器显示到 LED 显示屏，是视频源像素点与 LED 显示屏像素点一一对应的显示，即点对点显示。此时，如果想让 LED 显示屏全屏显示完整的视频源内容，就必须保证视频源的分辨率、发送卡/控制器的分辨率和 LED 显示屏的分辨率完全一致，以 1080p（1920×1080@60Hz）标准分辨率为例，其点对点显示原理图如图 6-2 所示。

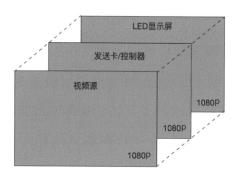

图 6-2　1080p 标准分辨率点对点显示原理图

视频源的分辨率、发送卡/控制器的分辨率可编辑；而 LED 显示屏的分辨率由实际 LED 显示屏的尺寸决定，不可编辑。

当前端多媒体设备为计算机时，可通过设置计算机显卡的输出分辨率来获得所需要的视频源的分辨率。以两种显卡为例，如图 6-3 和图 6-4 所示。

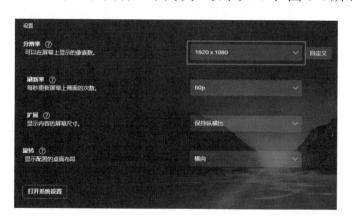

图 6-3　英特尔显卡控制中心设置视频源的分辨率

图 6-4　英伟达显卡控制面板设置视频源的分辨率

发送卡/控制器的分辨率，可通过 NovaLCT 控制软件或发送卡前面板两种方式进行设置。

（1）通过 NovaLCT 控制软件设置。登录并打开 NovaLCT 控制软件，单击"显示屏配置"图标，如图 6-5 所示。在"显示屏配置"对话框的"发送卡"选项卡中，可按图 6-6 所示的步骤设置发送卡/控制器的分辨率。

步骤 1：在"发送卡"选项卡中检查发送卡当前的分辨率。

步骤 2：选择正确的发送卡分辨率（与显卡输出分辨率即视频源分辨率一致），也可自定义设置发送卡分辨率。

步骤 3：单击"设置"按钮。若只有一台发送卡，则直接进行设置；若有多台发送卡，则需要选择对应的发送卡。

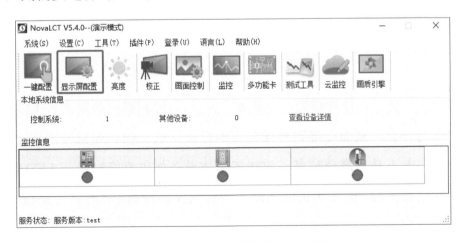

图 6-5　NovaLCT 控制软件进入显示屏配置

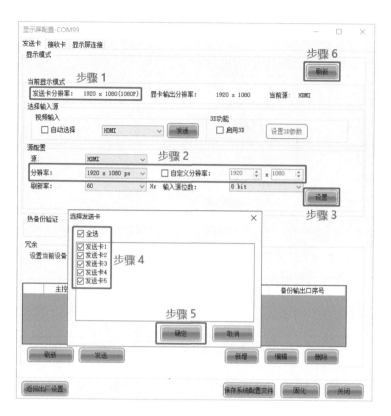

图 6-6 "发送卡"设置界面

步骤 4：选择对应的发送卡。

步骤 5：单击"确定"按钮，设置发送卡分辨率。

步骤 6：单击"刷新"按钮，确定发送卡分辨率设置成功。

（2）通过发送卡前面板设置。以诺瓦星云公司的 MCTRL 660PRO 控制器为例，其分辨率设置步骤如下：通过旋钮，依次选择"输入设置"→"预设分辨率→"预设分辨率设置"命令（自定义分辨率同理），如图 6-7 所示。

图 6-7 通过发送卡前面板设置分辨率的步骤

通过以上步骤，可使视频源的分辨率、发送卡/控制器的分辨率和 LED 显示屏的分辨率保持一致，从而实现完整视频源的直接播放。但在通常情况下，LED 显示屏的分辨率并不是标准分辨率，前端多媒体设备如果不能输出与 LED 显示屏的分辨率相同的视频源，就无法实现视频源内容的完整播放，这时就需要借助屏精灵等专业播控软件。

6.3　视频源效果播放

▶ 6.3.1　使用播放软件实现视频源效果播放

当前端多媒体设备不能输出与 LED 显示屏的分辨率相同的视频源，并且前端输出视频源的分辨率大于 LED 显示屏的分辨率时，若要保证 LED 显示屏能够完整播放视频源内容，则可以使用诺瓦星云公司的播放软件屏精灵来实现。

屏精灵的工作原理实际上是在前端视频源计算机桌面设置一个起始位置为 (0,0) 的播放窗口，并将窗口位置映射至 LED 显示屏的整屏范围，也就是将播放窗口的分辨率设置成与 LED 显示屏的分辨率一致。

1. 播放软件功能介绍及设置操作步骤

以一块分辨率为 1366×768 的 LED 显示屏设置为例，其具体操作步骤如下。

（1）在"本机播放"模式下添加常规屏，如图 6-8 所示。

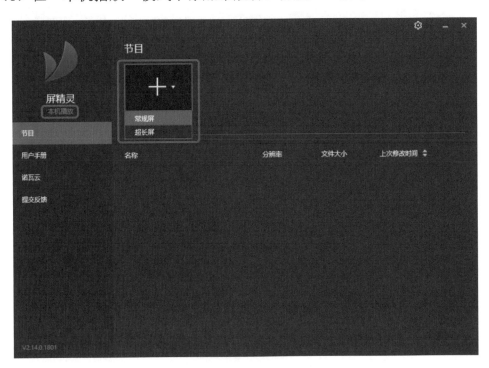

图 6-8　添加常规屏

（2）进入"播放窗口设置"界面，如图 6-9 所示。

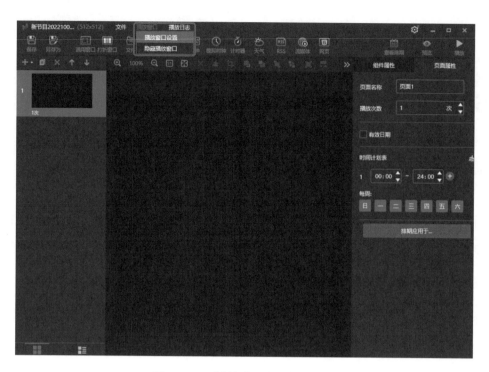

图 6-9 "播放窗口设置"界面

（3）打开"播放窗口设置"对话框，设置播放窗大小及起始位置等信息（分辨率以 1366×768 为例），如图 6-10 所示。

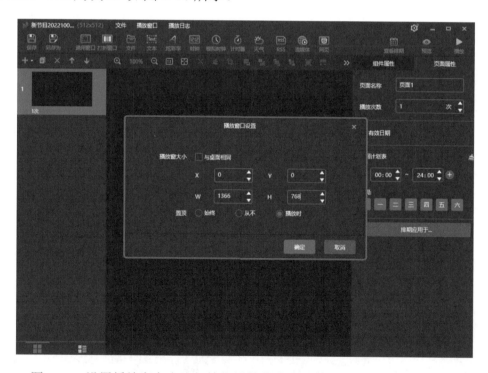

图 6-10 设置播放窗大小及起始位置等信息（分辨率以 1366×768 为例）

（4）添加播放内容的通用窗口，设置通用窗口的起始位置及大小（分辨率以 1366×768 为例），添加播放内容，在对应的路径找到需要添加的内容并打开，如图 6-11 所示。

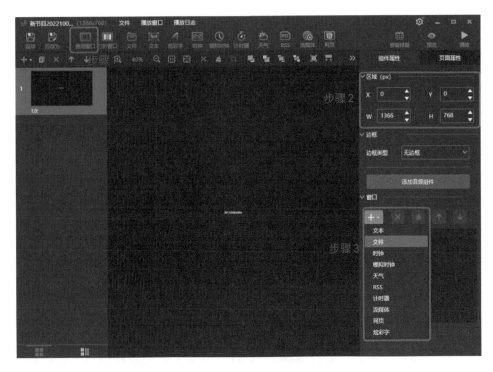

图 6-11　通用窗口及内容添加操作步骤

屏精灵播放软件可对已添加的组件内容进行播放属性设置,支持对播放时长、播放次数、入场特效及特效时长等播放效果进行设置,如图 6-12 所示。

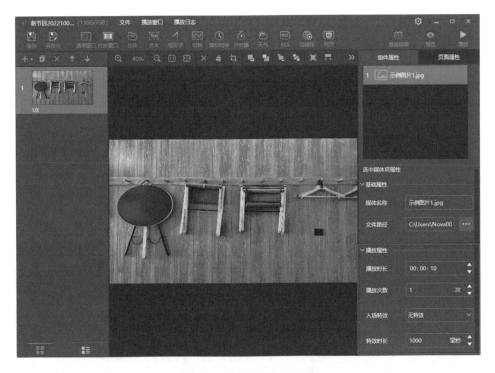

图 6-12　播放属性设置

屏精灵播放软件可对已添加的页面进行属性设置,支持对播放次数、开始/结束日期、时间计划表、排期等属性进行设置,如图 6-13 所示。

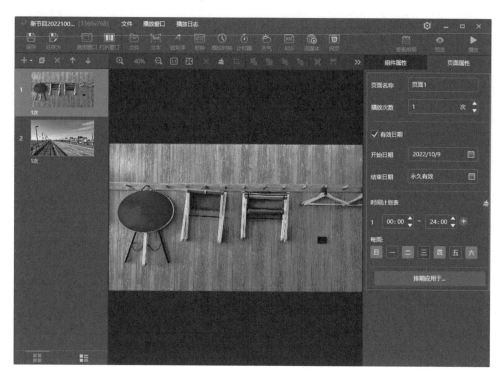

图 6-13　页面属性设置

　　设置好待播放的节目后，为了确保节目的效果一切正常，我们可以通过单击右上角的"预览"按钮，查看最终节目播放效果，确认无误后再进行实际播放操作。播放窗口播放预览和播放窗口在计算机桌面的显示效果如图 6-14 和图 6-15 所示。

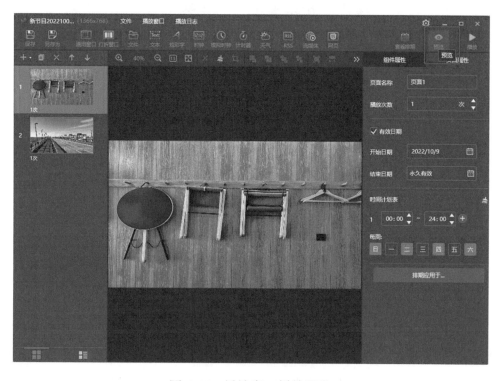

图 6-14　播放窗口播放预览

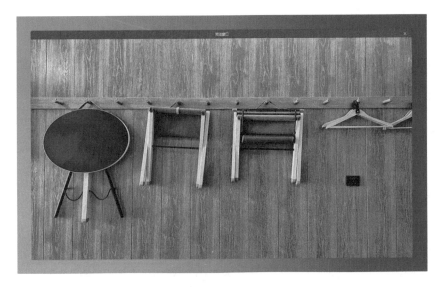

图 6-15　播放窗口在计算机桌面的显示效果

2. 扩展模式的播放设置

当 LED 显示屏的分辨率接近或等于显卡的分辨率时，计算机的显示界面会被大部分或完全覆盖掉，导致无法进行其他的计算机端操作。此时，可以使用计算机的扩展模式进行播放，以避免计算机的显示界面被播放窗口遮挡。以 Windows 10 为例，在键盘上同时按下"Windows"键和"P"键，界面会弹出工作模式选项，选中"扩展"模式即可。计算机扩展模式设置界面如图 6-16 所示。

图 6-16　计算机扩展模式设置界面

以计算机显示界面的分辨率 1920×1080 为例，在屏精灵软件"播放窗口设置"对话框中设置坐标偏移，如图 6-17 所示，此处"X"值应设置为 1920，表示将播放窗口向右偏移 1920 个像素点，窗口大小不变，此时播放窗口的位置将正好从计算机桌面上消失，而 LED 显示屏将成为计算机的扩展桌面。

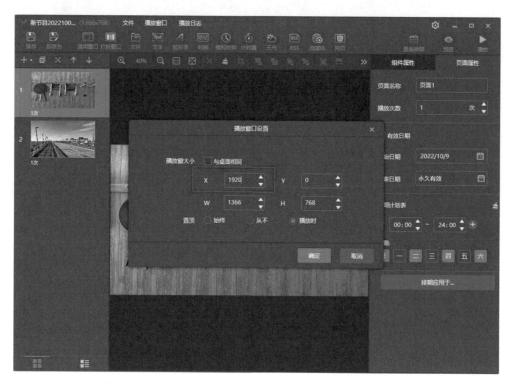

图 6-17　设置播放窗口大小及起始位置等信息

为了保证 LED 显示屏点对点显示，应将计算机扩展模式下的显示缩放值设置为 100%，如图 6-18 所示。

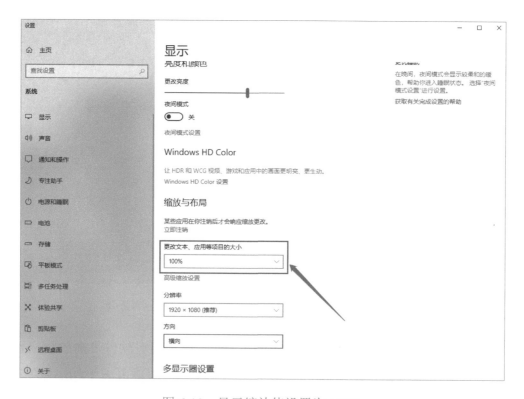

图 6-18　显示缩放值设置为 100%

之后再回到屏精灵软件界面，重复上面的操作进行节目添加、播放即可。

6.3.2　使用视频处理器实现视频源效果播放

当前端多媒体设备不能输出与 LED 显示屏的分辨率相同的视频源，即前端输出视频源的分辨率不等于 LED 显示屏的分辨率时，若要保证 LED 显示屏能够完整播放视频源内容，除了屏精灵播放软件，还可以借助视频处理器来实现。

视频处理器最基础的功能之一就是对视频源信号进行缩放处理，视频处理器自定义输出视频源分辨率的功能即视频源的缩放功能，缩放的含义体现在可将分辨率较小的视频源放大至屏幕的分辨率，或者将分辨率较大的视频源缩小至屏幕的分辨率，从而实现视频源的完整播放。因此，通过视频处理器，可以将视频源的分辨率缩放至与 LED 显示屏的分辨率相匹配的分辨率。视频源缩放效果图如图 6-19 所示。

图 6-19　视频源缩放效果图

在使用视频处理器时，计算机提供视频源发送到视频处理器，视频处理器将视频信号经过处理后发送到发送卡/控制器，最终发送卡/控制器将视频信号显示到 LED 显示屏上。添加视频处理器之后的系统结构如图 6-20 所示。

市场上常见的视频处理器品牌有诺瓦星云、小鸟科技、淳中科技、唯奥视讯、迈普视通等，常见视频处理器的品牌及型号如表 6-2 所示。

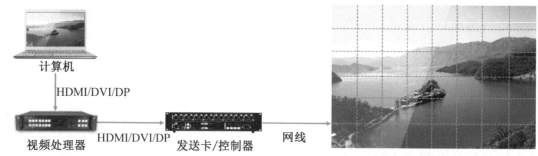

图 6-20　添加视频处理器之后的系统结构

表 6-2　常见视频处理器的品牌及型号

视频处理器品牌	视频处理器型号
诺瓦星云	N6、N9、VS 系列
小鸟科技	E2 系列、E4 系列
淳中科技	Apollo Pro-V4 系列、Mobius 系列
唯奥视讯	LVP603、LVP605、LVP615、LVP86XX
迈普视通	LED-750H、LED-E800、LED-W4000

第 7 章

LED 显示屏的
异步播放

7.1 异步控制系统的特点与应用场景

LED 显示屏异步播放技术可以解决同步播放技术的常见痛点，因而受到了行业的广泛关注和重视，加之"物联网"及"智慧城市"等概念的兴起，使得异步控制系统在 LED 显示屏控制系统中的占比也在逐渐上升。本节将对同步控制系统和异步控制系统进行对比，展示异步控制系统的特点，同时结合典型案例介绍异步控制系统的常见应用场景。

7.1.1 同步控制系统和异步控制系统的对比

1. 异步控制系统与同步控制系统的主要区别

首先来看一组图片，图 7-1 所示为同步控制系统架构图，图 7-2 所示为异步控制系统架构图。从图中明显可以看出，异步控制系统的架构相较于同步控制系统更加简单，它们的主要区别在于是否可以实现脱机播放，这里的"脱机"指的是脱离计算机及前端视频源设备。同步控制系统架构最简单的方案里有计算机、发送卡、接收卡（在 LED 显示屏一侧），这几个要素缺一不可。通常，计算机在该架构中的作用有两个：一是用于 LED 显示屏调试；二是为发送卡提供视频源。因此，计算机显示什么画面，显示屏就同步显示计算机上的画面。

在异步控制系统架构中，前期虽然需要借助计算机进行显示屏调试，在某些情况下，也会借助计算机与播放软件制作节目并发送至异步发送卡中。但对客户而言，一旦异步发送卡中储存了制作好的节目，就不再需要计算机，即使后期需要重新更换节目，也可直接通过移动端来方便实现。可以看出，相较于同步播放，异步播放可以脱离计算机的束缚，直接通过异步控制系统进行节目播放，系统架构更简单。

图 7-1 同步控制系统架构图

异步控制器　　网线若干　　LED显示屏

图 7-2　异步控制系统架构图

2．同步控制系统架构中的常见问题

当现场采用同步控制系统架构来实现对 LED 显示屏的控制时，系统架构要比异步控制系统更加复杂，前端多了计算机或者其他视频源设备，因而容易导致以下问题。

（1）系统内的环节较多，导致后期故障排查难度大。同步控制系统架构中的任何一个节点（计算机/发送卡/接收卡），或者节点之间的连接（网线/USB 控制线/视频线）出现问题，都有可能导致显示屏播放或显示异常。

（2）对现场环境的要求比较苛刻，安装操作比较麻烦。同步控制系统架构中所需设备较多，更适于室内或空间充足的环境。而目前户外的 LED 显示屏越来越轻便、灵活，通常将控制系统全部置于屏体结构内部，留给设备的空间有限，不便于直接放置计算机，设备体积与设备存放空间的不匹配使得同步控制系统在应用环境上有一定的局限性。虽然也可用工控机（Mini PC）来代替计算机，但依旧需要外接显示器才能实现可视化配置，因此现场操作十分不便。

（3）增加成本。在很多户外商显及室内低分辨率广告屏的应用场景中，在同样满足终端使用者需求的情况下，使用同步控制系统的设备成本高于使用异步控制系统的设备成本。

7.1.2　异步控制系统的特点

异步控制系统弥补了同步控制系统在部分应用场景中缺失的某些功能，解决了同步控制系统架构中常见的痛点问题，使显示屏的控制更加智能与便捷，其主要特点有以下 5 点。

（1）**高度集成**。异步控制系统集成播放视频源、发送卡及视频处理器，在同步控制系统架构的基础上化繁为简，减少了设备的数量及设备间烦琐的连接走线，降低了显示屏出现异常的概率，简化了后期问题排查的步骤，同时可降低成本。

（2）**集群管理**。异步控制系统联网接口完备，支持 4G、Wi-Fi 和有线网络三种组网接入方式，可将多个显示屏接入网络，在基于大数据的云平台上进行远程的集群管理和播控，从而极大地节省了显示屏管理和维护的人力成本及时间成本。

（3）**控制灵活**。支持计算机端、移动设备端与互联网云平台三端一体化远程控制，给客户提供多种灵活的控制选择。

（4）**身份多样**。部分设备支持同步、异步双模式，同步模式下异步控制系统充当视频处理器及发送卡的角色，异步模式下可替代同步控制系统架构中的视频源设备、视频处理设备及发送卡设备。部分设备也可用作同步控制系统中提供视频源的设备，部分设备型号拥有 HDMI 输出接口，可直接传输视频源至视频处理器或发送卡，实现远程控制超过 230 万像素点的大屏。

（5）**二次开发**。异步控制系统支持丰富的接口协议对接和快速系统集成，将显示屏接入公共服务平台已成为智慧城市 LED 显示屏项目的通用模式。目前，异步控制系统二次开发已被广泛应用在智慧交通、高速公路 ETC、智慧停车场、智慧灯杆屏，以及餐饮、公共服务叫号系统等多种场景。

▶▶ 7.1.3　异步控制系统的应用场景

异步控制系统的特点决定了其有很多典型的应用场景，这些应用场景为智慧城市的建设赋能，让城市更聪明、生活更便捷，让智慧生活触手可及。下面介绍几个异步控制系统常见的应用场景。

1. 智慧灯杆屏

1）场景介绍

智慧灯杆屏因其在道路指引、路况播放、信息发布、广告推广等方面有独特的优势，受到越来越多的户外广告运营商、户外传媒公司、商业综合体运营商、公共管理部门、智慧城市建设部门等相关方的关注和青睐。智慧灯杆屏基于网络，能够对街道、景区、园区内灯杆屏的内容发布实现远程控制和管理，保证高精度的同步显示、智能调光及集群管理。智慧灯杆屏样例如图 7-3 所示。

图 7-3　智慧灯杆屏样例

2）方案亮点

（1）多屏同步播放：采用射频对时或 GPS 对时技术，实现零延迟，多屏同步播放。

（2）节能减排，减少光污染：智能调节亮度，白天明亮，画面绚丽清晰，夜间柔和，不带来光污染，不影响交通安全；合理地控制灯杆屏显示设备的电源，助力智慧城市节能减排。

（3）耐高温：灯杆屏一般需要长时间暴露在户外，异步控制系统在极端严寒和高温的环境中均可以长期高负荷运转，其良好的技术稳定性可保障 LED 显示屏的稳定播放。

（4）云平台集群管理：灯杆屏分布于城市、景区的主要街道两侧，有数量多、分布广的特点，传统的人工维护及本地更新的方式已不能满足"智能"的需求；异步控制系统可通过 4G、Wi-Fi 等方式接入网络，免除现场布线的烦恼，实现终端设备的集群管理。

（5）支持多样化媒体播放形式：可播放视频、图片、流媒体、气象环境参数等各类信息，支持各类传感器对接，可实时上屏显示环境监测等数据。

2. 商业广告机

1）场景介绍

国内商业与消费环境的日益发达使得广告需求也越来越多，数字化、网络化、信息化的多媒体广告机成为广告传媒市场的一大亮点。广告机能够通过图片、文字、视频、小插件（天气、汇率）等多媒体素材进行广告宣传，目前已广泛应用于地铁、公交站、机场、火车站、加油站、大型展会、各类商场、智慧大厦、多功能

127

展厅、学校和政府机构等场所。商业广告机样例如图 7-4 所示。

图 7-4　商业广告机样例

2）方案亮点

（1）智能管控：支持手机、Pad、PC 等多种联网设备，可快速完成屏体配置；可实现智能化远程控制和大规模集群发布，让广告机管理更轻松；可实现定时开关机和设备重启、定时播放、自动循环播放、智能感应等功能。

（2）便捷入网：系统支持通过 4G 和 Wi-Fi 接入网络，免除现场布线烦恼，随时随地接入云端。

（3）多屏拼接：支持多个广告机现场拼接显示，创意显示更加灵活，让视频画面不再局限于单个屏幕尺寸。

（4）一屏多显：同一块屏幕可划分不同区域，插入不同播放组件，播放不同节目内容。

（5）精准营销：配合广告大数据平台可实现精准营销，为客户创造更大的价值。

3. 社区固装屏

1）场景介绍

社区固装屏作为最贴近市民的显示窗口，拥有较高的公信力，具备权威性、公益性等媒体优势，开启了智慧社区的新视窗。它不仅可以实时滚动播放天气、城市应急突发预警、新闻资讯、公告通知、生活服务等社区资讯内容为居民提供便利，还可以作为舆论引导的权威平台，帮助政府及各相关管理部门，完成法规政策、安全知识、疾病预防、科普教育、公益广告、精神文明建设等宣传工作。社区固装屏样例如图 7-5 所示。

图 7-5　社区固装屏样例

2）方案亮点

（1）定时播放：可实现不同时段自动播放不同视频媒体内容，随时插播重要通知，灵活应对突发局面。

（2）节目内容丰富：支持文本、图片、视频、流媒体直播、自制节目等节目类型。

（3）安全稳定：多重防护措施，层层把控数据、媒体和播放安全，千兆网口冗余备份，持续保障显示屏的稳定运行。

（4）远程控制：足不出户，轻松完成媒体内容下发和实时更新；拒绝扰民，远程调节显示屏音量和亮度；远程调控显示屏工作参数，随时随地解决问题。

（5）权限管理：灵活设置多级管理权限，云发布平台的角色、用户及工作组管理 3 种管理机制，使得显示屏可以良好运行，保证节目发布的效率。

4. 交通诱导屏

1）场景介绍

配合大数据管理平台和对接城市交通管理系统，交通诱导屏可实现对车辆交通的科学诱导，通过为出行者提供参考信息，实现控制范围内最优的交通分流，为车辆提供最优的行驶线路规划。交通诱导屏综合运用服务器、网络等通信技术，结合 LED 显示屏高亮、高辨识度的特点，可清晰、直观地向大众推送交通状况信息，缓解交通堵塞，实现交通优化。交通诱导屏样例如图 7-6 所示。

2）方案亮点

（1）安全可靠：工业级元器件，稳定可靠，无惧高温、高湿、低温、雷电；显示屏实时监控，支持 LED 灯点检测数据上传、故障侦测及报警；多层防控加密设计，确保系统安全。

图 7-6　交通诱导屏样例

（2）显示出色：对复杂文本、图片、视频、流媒体直播等有出色的显示效果；摄像头拍摄内容实时上传更新，可实现多源交通信息展示；画面分窗口、多层次播放，显示效果丰富、流畅；屏幕掉线时自动播放预存画面，不影响交通。

（3）智能管理：定时开关屏，定时播放，智能亮度调节；远程系统升级，远程电源控制，屏幕节能；轻松管理播放系统字体库，随时更新。

（4）灵活扩展：多种应用模式自由切换，支持三思协议、海信协议、诺瓦星云标准交通协议等；可使用公网、专网、局域网等多种组网方式，满足不同用户的自建需求。

5. 车载屏

1）场景介绍

车载屏是一种由传统车载广告媒介演变而来的新型媒介传播载体，常见于公交车后视窗、出租车车顶等。与传统车载广告媒介相比，车载屏无论从内容显示还是色彩呈现上都更具吸引力，它不仅可以动态向车外受众精准传达广告内容，还集成了更加智能的功能，可以为司乘提供车载 GPS 定位、定点投放等功能，从而有效提升了广告效益、提高了营收。车载屏样例如图 7-7 所示。

图 7-7　车载屏样例

2）方案亮点

（1）GPS 定点投放：公交车、出租车的广告在特定城市不受时间和地点的限制，但广告投放者可能会有特定地点和时间的要求，通过云发布系统可解决该问题；在特定时间、特定区域范围内播放特定广告，可在地图上预先绘制投放区域，当车载屏进入投放区域时，可播放定点投放关联的播放清单。

（2）控制和接收一体化集成度高：公交车及出租车上的显示屏较小，留给控制单元和接收卡的区域有限，且对卡的尺寸要求较高，因此，采用控制与接收一体化的卡可以更好地适应该场景，同时降低了因多线材而引起的显示屏异常的概率。

（3）云平台集群管理，降低运维成本：车载屏穿梭于城市各个角落，呈现数量多、分布广的特点，传统的人工维护及本地更新的方式已经不能满足实际需求，可通过 4G 模块将所有屏体接入网络统一管理，实现终端设备集群管理。

（4）智能亮度调节，杜绝光污染：车载屏分布于城市的大街小巷，昼夜连续运行，如果在夜晚或隧道内的亮度较高，则会产生光污染，甚至会威胁道路上司机的行车安全。目前，可通过 GPS 定位的方式实现在隧道等黑暗的环境下自动调节亮度，也可以设置不同时间段下显示屏的亮度来满足亮度自动调节的需求。

131

7.2 异步控制系统的连接

前面介绍了异步控制系统的概念，接下来将介绍异步控制系统从连接到实现系统播放的操作。目前，市面上不同的异步控制系统有不同的设备厂商，但各厂商设备的接口和功能大同小异。下面以诺瓦星云公司的控制系统为例，进行 LED 显示屏异步控制系统操作的介绍。

7.2.1　硬件结构

异步控制系统由硬件和软件组成。硬件部分将以诺瓦星云公司的异步 Taurus 产品系列中的异步发送卡 TB8 为例进行介绍。

TB8 基于 Android 5.1 系统版本开发，处理器平台使用的是 RK3368，前面板有 4 颗状态指示灯及一个模式切换按钮，如图 7-8 所示。前面板指示灯及按键功能说明如表 7-1 所示。

图 7-8　TB8 设备的前面板

表 7-1　前面板指示灯及按键功能说明

名称	说明
PWR	电源状态指示灯。常亮时，表示电源输入正常
SYS	系统状态指示灯 亮灭间隔 2s：运行正常 亮灭间隔 1s：正在安装升级包 亮灭间隔 0.5s：正在从互联网下载数据，或正在复制升级包 常亮/不亮：运行异常
CLOUD	互联网连接状态指示灯 常亮：已连接互联网，且状态正常 亮灭间隔 2s：已连接 VNNOX，且状态正常
RUN	FPGA 状态指示灯 与发送卡信号灯状态一致时，表示 FPGA 运行正常
SWITCH	双模切换按钮：切换同步或异步模式 常亮：同步模式 不亮：异步模式

　　TB8 设备的后面板也拥有丰富的功能接口，如图 7-9 所示。后面板接口名称和功能说明如表 7-2 所示。

图 7-9　TB8 设备的后面板

表 7-2　后面板接口名称和功能说明

名称	说明
TEMP	温度探头接口
LIGHT	光探头接口
WiFi①-AP	Wi-Fi AP 天线接口。外接 AP 天线，增大信号强度。手机、计算机设备使用 Wi-Fi 连接设备
WiFi-STA	Wi-Fi STA 天线接口。外接 STA 天线，增大信号强度。用于 TB8 连接无线路由 Wi-Fi 信号

---

① WiFi 的正确用法为 Wi-Fi。

（续表）

名称	说明
COM1	预留
COM2	预留
ETHERNET	千兆网口，连接调试网络或计算机 黄色常亮：已连接百兆网线，且状态正常 绿色和黄色同时常亮：已连接千兆网线，且状态正常
USB	USB 2.0 接口 文件系统支持 NTFS（最大文件 2TB）和 FAT32（最大文件 4GB）
HDMI	IN：HDMI 1.3 输入接口 OUT：HDMI 1.3 输出接口
AUDIO OUT	音频输出接口
RESET	恢复出厂值按钮，长按 5s 生效
LED OUT	输出网口
ON/OFF	电源开关
100~240V,50/60Hz	电源输入接口

7.2.2　系统连接

TB8 与前端视频设备的连接方式可分为网线直连、Wi-Fi 直连和局域网连接三种方式。

1. 网线直连

计算机通过网线与 TB8 直接相连，如图 7-10 所示。采用此种方式连接时，要求 TB8 将 DHCP 设为 IP 地址自动获取状态，同时需要打开计算机上的播控软件屏精灵异步播放模式，启用界面左下角的"DHCP 服务"，启动 DHCP 服务后，计算机会作为 DHCP 服务器给 TB8 分配一个临时的 IP 地址，让 TB8 和计算机处于同一网段。

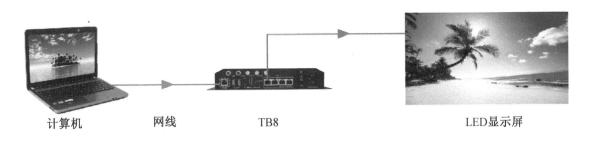

计算机　　　　网线　　　　TB8　　　　　　　　LED显示屏

图 7-10　网线直连

2. Wi-Fi 直连

TB8 自带 WiFi-AP，可以通过计算机或移动设备直接连接 TB8 的 WiFi-AP，如图 7-11 所示。TB8 WiFi-AP 的名称默认为"AP+8 位数字"，该数字通常为设备生产序列号的尾数，默认连接密码为"12345678"。

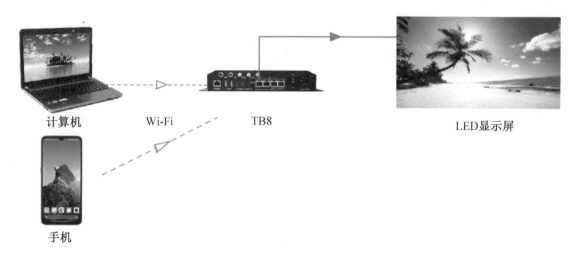

计算机　　　Wi-Fi　　　TB8　　　　　　　LED显示屏

手机

图 7-11　Wi-Fi 直连

3. 局域网连接

在此种连接方式中，将计算机或移动设备与 TB8 连接到同一个有线局域网环境内即可，如图 7-12 所示。

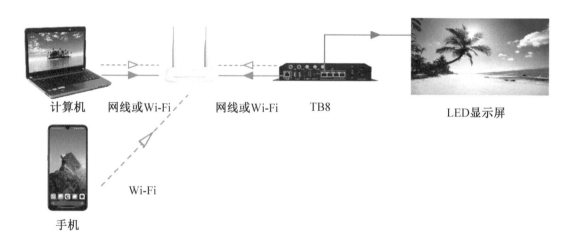

计算机　网线或Wi-Fi　　网线或Wi-Fi　TB8　　　　LED显示屏

Wi-Fi

手机

图 7-12　局域网连接

7.3 异步控制系统软件操作

对异步控制系统典型的连接方式有了一定认识后，下面分别介绍从计算机端和移动端如何实现异步控制系统的节目播放和终端控制。

7.3.1　计算机端

以诺瓦星云公司的 **TB8** 为例，其配套的计算机端播控软件为屏精灵，可在计算机浏览器中搜索"屏精灵""诺瓦星云"等关键词进入网站下载。屏精灵支持 Windows 7 SP1 64 位、Windows 10/11 64 位系统，本节案例中安装的版本为 V2.14.0。

1. 启动软件

双击安装文件，依照引导界面完成屏精灵软件的安装。首次安装屏精灵后，启动软件会出现"选择模式"对话框，选中"异步播放"图标，并单击"立即启动"按钮，如图 7-13 所示。

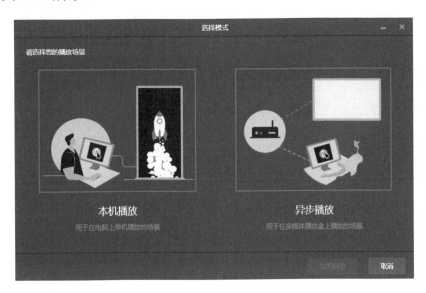

图 7-13　"选择模式"对话框

启动软件后，如果默认进入本机播放模式的启动页，则在界面右上方选择"⚙"→"工作模式"→"异步播放"命令，并单击"确认"按钮。软件重新启动后，即可进入异步播放模式，如图 7-14 所示。

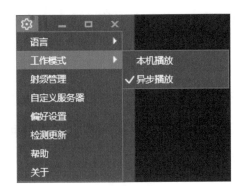

图 7-14　切换异步播放模式

2．连接终端

若 TB8 与计算机的连接方式为 Wi-Fi 直连，即计算机搜索到 TB8 的 WIFI-AP 热点，通过"12345678"的默认密码连接。打开屏精灵软件后，会自动搜索到一台 TB8，如果没有检测到 TB8，可以单击"刷新"按钮重新搜索。登录成功后，界面如图 7-15 所示，会显示计算机在线、未登录和离线三种连接状态。

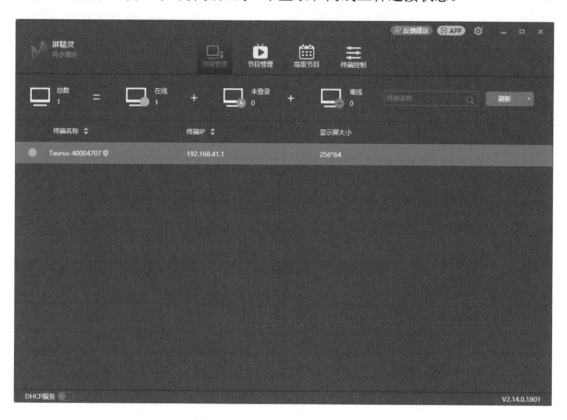

图 7-15　TB8 登录成功的界面

3．修改弱密码

登录成功后，默认登录密码"12345678"会被校验为弱密码，终端名称右侧会显示如图 7-15 所示的图标。右击终端信息一栏，选择"修改密码"选项，即可将连接 WiFi- AP 的密码和用户的登录密码修改为复杂密码，提升系统安全性。

4．节目制作及发布

（1）单击"节目管理"图标，选择"新建"→"常规屏"命令，弹出"节目信息"对话框，如图 7-16 所示。按照要求填写节目信息即可，其中"分辨率"的参数大小应和 LED 显示屏的分辨率参数大小保持一致。

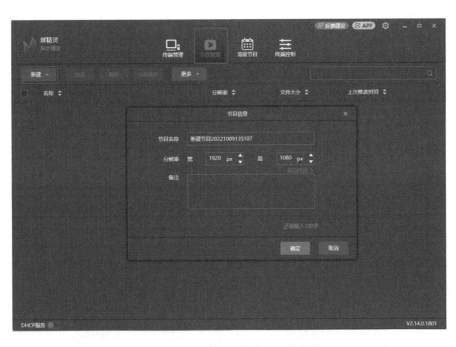

图 7-16 "节目信息"对话框

（2）节目信息设置完毕后，单击"确定"按钮，进入节目编辑界面，节目编辑
界面可分为 6 个区域，如图 7-17 所示。界面功能说明如表 7-3 所示。

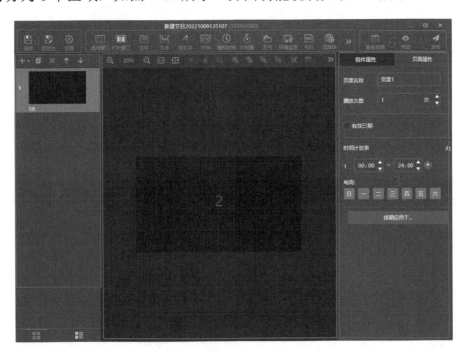

图 7-17 节目编辑界面

表 7-3 界面功能说明

区域编号	功能	区域编号	功能
1	节目页面编辑	4	节目保存、信息设置
2	页面媒体编辑	5	媒体添加
3	组件属性、页面属性	6	查看排期、预览、发布

（3）单击"通用窗口"图标，然后在页面媒体编辑区域，用鼠标拖动调节"通用窗口"的位置、大小，调整好后单击左侧的 ➕ 图标，添加多个媒体文件，设置媒体属性，如图 7-18 所示。添加的媒体可以按照顺序播放，也可自定义播放顺序。如果需要同时播放多个媒体，可以通过单击媒体添加区域的不同媒体图标进行添加，添加的媒体为页面中的组件。

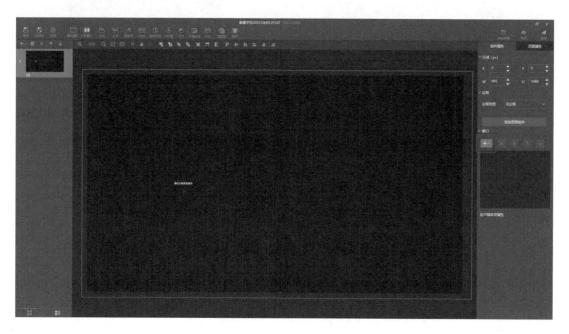

图 7-18　编辑节目

（4）节目编辑完成后，单击页面右上角的"发布"图标，即可选中播放器发布节目，如图 7-19 和图 7-20 所示。

图 7-19　发布节目

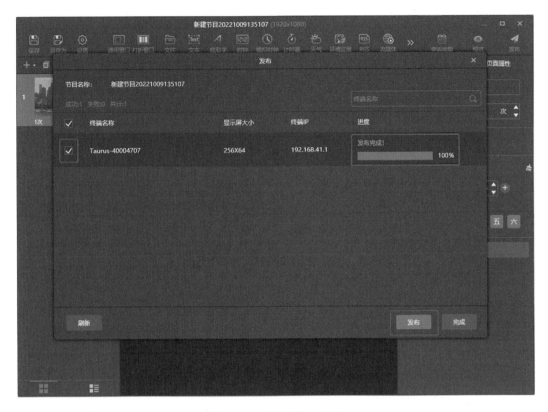

图 7-20　节目发布成功

5. 亮度调节

亮度调节有三种模式：手动调节、定时调节和自动调节。

（1）手动调节：直接拖动拉杆选择合适的亮度，常应用于 LED 显示屏周围环境亮度固定的场景。

（2）定时调节：在"亮度调节"界面，选中"智能"单选按钮，在"亮度调节表"选区单击➕图标，打开"新建"对话框，选中"定时"单选按钮，并分别设置"定时亮度值""重复方式""执行时间""有效日期"4 个参数，即可实现在不同时间点，LED 显示屏自动显示所设置的亮度。亮度定时调节如图 7-21 所示。

（3）自动调节：TB8 需要连接特定亮度传感器采集环境亮度，以实现 LED 显示屏亮度的自动调节。TB8 外接型号 NS060 光探头如图 7-22 所示。TB8 外接亮度传感器（光探头）后，单击 "传感器"选项，即可进行传感器配置。

依次选择"亮度调节"→"智能"→"亮度映射表"→"快速分段"命令，在亮度映射表中即可设置不同环境亮度情况下对应屏体的亮度。亮度映射表如图 7-23 所示。此步骤的工作原理：在控制系统中设定环境亮度和对应 LED 显示屏亮度的关系，即当环境亮度达到某一阈值时反馈给控制系统，并通过控制系统将 LED 显示屏的亮度调整至某个对应的值。

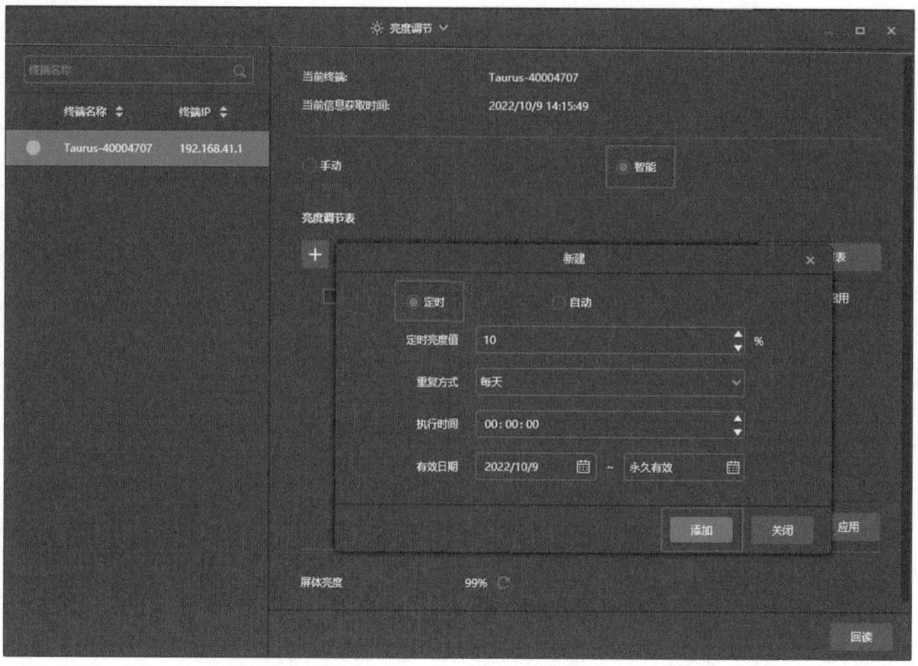

图 7-21　亮度定时调节

图 7-22　TB8 外接型号 NS060 光探头

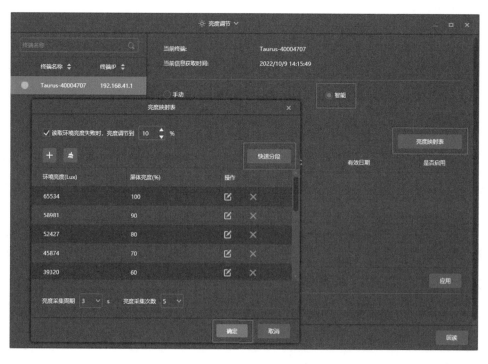

图 7-23　亮度映射表

选择"智能"→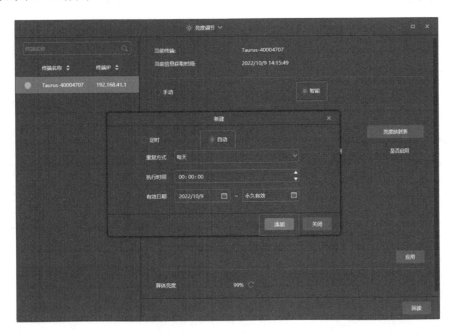➕→"自动"命令，添加对应时间点，最后单击"应用"按钮即可完成设置，实现 LED 显示屏的显示亮度随外界环境亮度而自动调节。亮度自动调节如图 7-24 所示。

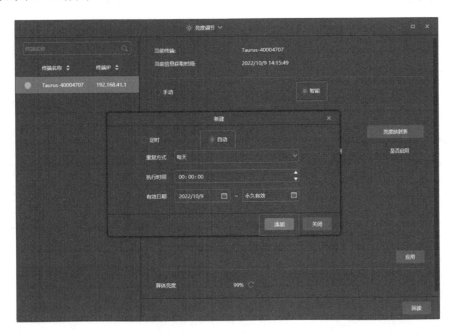

图 7-24　亮度自动调节

6．电源控制

通常要求在控制系统中使用多功能卡，配置电源标签之后可以通过软件手动或者自动控制已配置好的多功能卡，从而控制 LED 显示屏的电源开关。电源控制如图 7-25 所示。

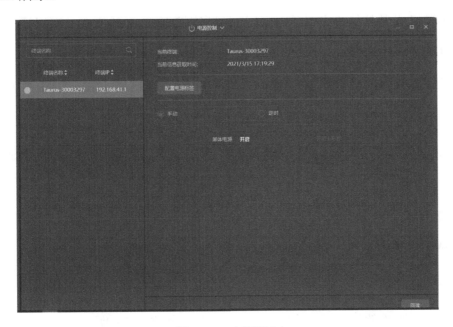

图 7-25　电源控制

7. 屏幕状态控制

屏幕状态控制功能支持以手动或定时的方式，设置 LED 显示屏当前的播放状态为"正常显示"或"黑屏"。屏幕状态控制如图 7-26 所示。

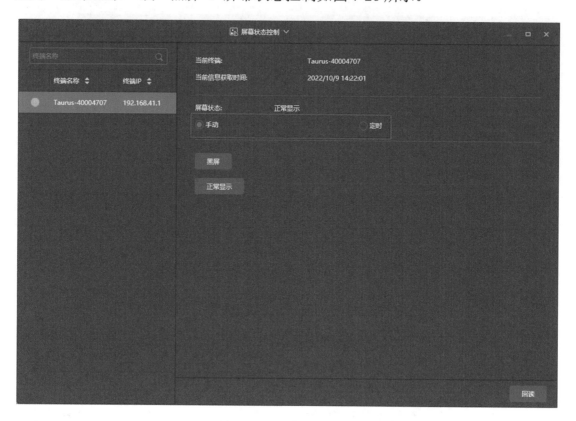

图 7-26　屏幕状态控制

8. 信号源切换

将计算机或者其他设备的 HDMI 视频源连接至 TB8 输入后，可以通过 TB8 上的 SWITCH 按钮切换显示外接的 HDMI 视频源或者 TB8 内部源。

在屏精灵软件的"视频源"界面，有三种信号源切换方式，如图 7-27 所示。

（1）手动：可以手动切换自己需要播放的视频源。

（2）定时：可以设置信号切换规则，进行内部视频源和外接视频源的定时切换。

（3）HDMI 优先：如外接 HDMI 视频源，使用同步播放模式时，将默认自动切换到 HDMI 视频源显示，拔掉则显示异步发送卡内部视频源。

9. 其他功能

屏精灵播控软件异步播放的功能还有很多，如图 7-28 所示。

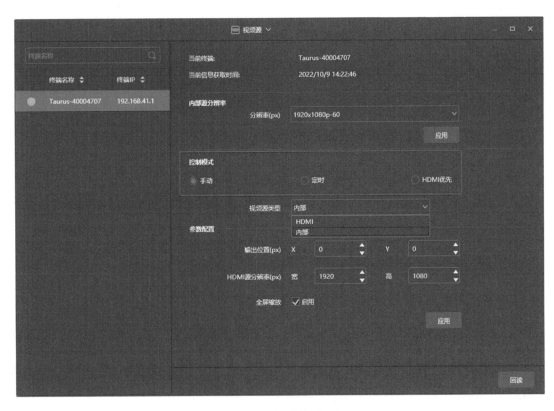

图 7-27　视频源切换

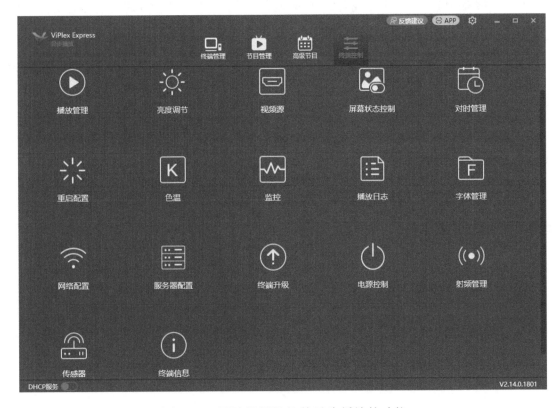

图 7-28　屏精灵播控软件异步播放的功能

（1）**播放管理**：可以查看 TB8 当前播放内容的截图，画面 90°倍数旋转，指定节目播放、停止或者删除。

（2）**对时管理**：可以设置 TB8 的时区和时间，与 NTP 服务器自动对时，还可以同步播放，保证多台 TB8 同时显示相同的画面。

（3）**重启配置**：可以立即或定时重启配置文件。

（4）**色温**：设置显示屏播放画面的色温，包括中性白、正白和冷白。

（5）**监控**：查看 TB8 硬件的硬盘大小、内存可用率、CPU 使用率、环境亮度及外接存储信息。如果 TB8 存储空间满了，可单击"清理所有媒体"选项，删除所有媒体和节目。

（6）**播放日志**：查看并导出播放日志。

（7）**字体管理**：删除 TB8 里面的字体或添加 ttf 格式字体。

（8）**网络配置**：配置 TB8 使用的有线网络、WiFi-AP、WiFi-STA 和移动网络。

（9）**服务器配置**：配置 TB8 连接云发布服务和云监控服务，可以通过公网控制 TB8。

（10）**终端升级**：通过在线升级或本地升级的方式，升级 TB8 的系统软件，使之提供更稳定、更丰富的功能。

（11）**射频管理**：设置射频同步的相关参数，可以多台 TB8 进行对时、亮度同步、音量同步和环境监测数据同步，以及开启或关闭同步播放。

（12）**传感器**：TB8 连接传感器后，需要在此处进行设置，使 TB8 可以通过传感器收集环境监测数据。

（13）**终端信息**：可以查看 TB8 的 MAC 地址、IP 地址、系统软件版本、产品型号、应用软件版本信息。

7.3.2 移动端

Android 手机、苹果手机或者平板移动端，可从应用商店搜索并下载安装 ViPlex Handy（屏精灵移动端）手机应用软件，本节演示所用的版本为 V3.3.0。

1. 连接终端

使用 Wi-Fi 直连或局域网连接方式，连接软件与 TB8。连接完成后打开软件，会提示软件需要开启的权限，单击"下一步"按钮允许授予权限。权限申请提示如图 7-29 所示。

软件主界面如图 7-30 所示，下方为功能主菜单。单击中间区域下滑出现 ⟳ 图标，表示软件正在刷新搜索设备。若多次刷新无法找到设备，可查看上方当前手机连接的 Wi-Fi 名称是否正常。

图 7-29　权限申请提示　　　　　　　　图 7-30　软件主界面

终端列表中出现设备后，单击"连接"按钮，输入初始密码"123456"或已设定的密码，即可登录设备。

2. 节目制作及发布

选择"节目列表"→"添加节目"命令，设置节目的分辨率，使其和 LED 显示屏的分辨率保持一致。选择预置的窗口布局或自定义窗口布局，单击"确定"按钮进入节目 1 设置。单击"窗口设置"按钮，设置窗口的位置和大小，设置好后单击"确定"按钮。节目窗口设置如图 7-31 所示。

单击"添加媒体"按钮，选择对应媒体，设置对应媒体的属性。设置完成后，单击 ✈ 图标，选中对应终端，单击"发布"按钮。添加及发布节目如图 7-32 所示。

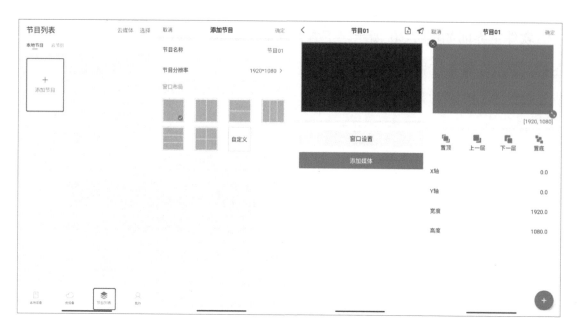

图 7-31　节目窗口设置

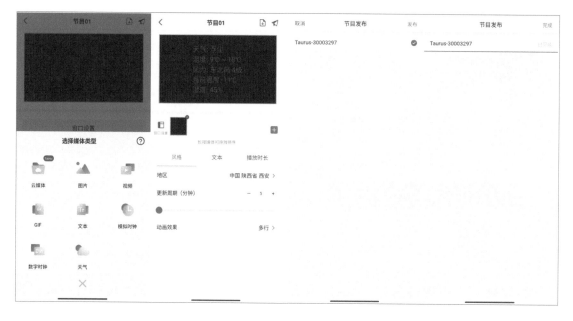

图 7-32　添加及发布节目

3. 设备管理

单击终端列表打开"设备管理"界面，可以看到手机端支持的管理功能，如图 7-33 所示，可根据需要进行选用。需要注意的是，部分设备管理功能需要提前配置好，才能实现手机控制，如自动亮度调节等。

图 7-33　"设备管理"界面

第 8 章

常见问题排查

8.1 常见问题排查思路

在 LED 显示屏应用过程中会出现各种各样的问题，如何快速、高效、正确地解决问题，是对每一个现场技术人员心理素质和技术能力的考验。在本节的内容中，先介绍 LED 显示屏应用现场常见问题的排查思路，帮助大家养成科学、良好、有效的问题排查习惯。

通常来说，问题排查的过程主要分为 4 个阶段：观察问题、分析问题、定位问题和解决问题。

▶ 8.1.1 观察问题

LED 显示屏应用问题的发生一定伴随着某些特定的现象，如屏体黑屏、屏体闪屏、屏体亮度不一致、屏体画面显示乱序等。对这些现象进行全面、细致的观察，往往能够帮助我们分析、判断问题的成因。通常来说，问题的故障现象可以归结为以下两大类。

1. 规律发生的现象

对于规律发生的现象，解决问题的突破口就是通过观察问题找到其发生的规律性。例如，一块 LED 显示屏存在闪屏的现象，且该现象位置固定，可能是某台发送卡带载的网口带载区域、某张接收卡的带载区域或某个模组的范围，那么就应该先考虑这些局部问题的成因，而不需要从宏观的角度考虑整块 LED 显示屏出现闪屏问题的原因。

通过观察问题，确定排查方向，找到解决问题的思路。

2. 随机发生的现象

随机发生的现象，通常表现为问题发生的位置不固定、问题发生的时间不固定，即无特定的规律。对于此类问题，仅仅通过观察，无法对问题进行快速分析和定位，但依然可以帮助我们梳理排查方向，避免排查过程中做无用功。例如，整块 LED 显示屏出现随机的闪烁区域，闪烁位置不固定，这时我们应该考虑宏观层面，思考和分析影响整块 LED 显示屏闪烁的故障点，而不再排查具体到某一个局部接收卡或者模组的问题。

8.1.2 分析问题

通过观察问题，我们能够确定大致的排查方向。确定方向之后，便应通过一定的方法分析问题，分析可能造成问题的成因。

1. 假设排除法

假设排除法是指根据问题现象做出假设判断，顺着判断思路向后推演，最终根据推演结果验证该判断的合理性，若合理则采用，若不合理则排除。

例如，在整屏随机闪屏问题中，假设问题原因为发送卡输出的主网线松动或故障，发送卡的主网线通常与 LED 显示屏的第一张接收卡直接连接，也就是说，它是屏体图像显示的来源和通道。如果这根网线松动或者接触不良，那么可能导致该通道传输的数据不稳定，信号时好时坏，进而产生随机闪屏问题。因此，经分析认为"发送卡主网线松动或故障"可能是整屏随机闪屏问题的成因，这是合理的假设；反之，则排除该假设项。

2. 列举法

列举法是指围绕问题，列举出与之相关的可能原因，后期再逐一排查和定位问题。

例如，对于随机闪屏问题，其可能的问题原因主要包括以下几个方面：视频源计算机、各类线材、发送卡、接收卡、电源供电，将其一一列举出来，如表 8-1 所示。

表 8-1 随机闪屏问题可能原因列举

视频源计算机	各类线材	发送卡	接收卡	电源供电
显卡输出故障 输出帧频不一致 兼容性问题	视频线材故障 屏体主网线故障	输入接口故障 输出网口故障 发送卡硬件故障	固件程序错误 配置文件错误	供电功率不足

8.1.3 定位问题

在利用假设排除法和列举法分析完问题后，接下来就需要验证和定位问题了，这是故障排查中非常重要的一个环节。问题定位的过程同样要讲究方法、借助工具，问题定位方法主要有以下几种。

8.1.3.1　常用方法

（1）按图索骥法。此方法中的"图"是指控制系统的方案架构图，问题排查时要能够快速在脑海中构建出控制系统架构图，如图 8-1 所示。

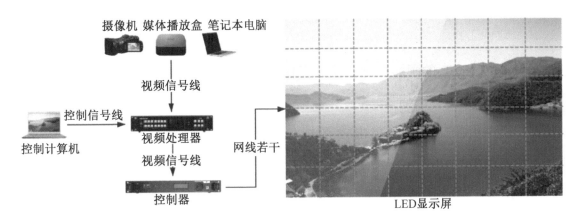

摄像机　媒体播放盒　笔记本电脑

视频信号线

控制信号线

控制计算机

视频处理器

视频信号线

网线若干

控制器

LED显示屏

图 8-1　控制系统架构图

定位问题时绝不能盲目试验，科学的问题排查思路通常是顺着系统控制链路，逐一排查从视频源端到 LED 显示屏端的每个环节。例如，从视频源、控制计算机→控制信号线→视频处理器→视频信号线→发送卡→输出网线，以及到 LED 显示屏端接收卡之间的网线、接收卡与模组之间的排线等。顺着控制系统的链路"顺藤摸瓜"地排查，更容易找到故障点。

（2）控制变量法。顾名思义，该方法是指在验证可能的原因、定位问题时，保证其他条件不变，每次只验证一个"可能因素"（变量）。

例如，为了排查随机闪屏问题是否由接收卡配置文件问题造成，保持其他条件不变，重新找到出厂时正确的接收卡配置文件并统一发送至接收卡，观察闪屏问题是否消失。如果依然存在，则表示随机闪屏现象与接收卡配置文件无关，应依次验证其他可能的原因。

（3）交叉验证法。该方法是故障排查过程中最常用的方法之一，它是指将 LED 显示屏区域内显示正常的部分和显示异常的部分进行交换，通过观察问题现象是否转移来定位问题。

例如，一块 LED 显示屏上出现了单张接收卡区域的闪屏现象，可以将该问题区域的接收卡与旁边正常的接收卡进行交换。如果闪屏问题跟随接收卡的交换转移至新的区域，则可以确认闪屏与接收卡有关，可排查其配置文件及固件程序。如果交换接收卡后故障依然发生在之前的位置，则说明闪屏问题与接收卡无关，而可能是箱体本身或者 HUB 转接板硬件出现了问题。

8.1.3.2　常用工具

定位问题的常用工具可以分为软件工具和硬件工具两大类。

1. 软件工具

（1）NovaLCT 的画面控制功能。在使用画面控制功能时，能够展示的各种效果均来自接收卡本身的信号。

启动 NovaLCT 软件，单击 图标，进入"显示屏控制"对话框，如图 8-2 所示。

图 8-2　"显示屏控制"对话框

① 黑屏：可控制显示屏进入黑屏状态，不显示任何内容。

② 锁定：可使显示屏固定不变地显示锁定前的最后一帧画面。

③ 正常显示：可将显示屏恢复到正常显示的情况。

④ 自测试：由接收卡自行产生测试图像，用于屏体老化和现场检修故障排除。

在故障排查过程中，最常用的是"锁定"或者"自测试"功能。例如，LED 显示屏出现了整屏范围内的随机闪屏现象，此时可以先使用画面控制中的"锁定"指令，然后观察 LED 显示屏的显示效果。如果屏体正常，不再闪烁，则说明接收卡端工作正常；反之则可以定位问题原因就在接收卡端。

（2）NovaLCT 的测试功能。测试工具实际的工作原理是，在控制计算机上开启一个窗口，通过同步显示原理把窗口上的内容映射在 LED 显示屏上，也就是说测试画面的信号来自视频源端。

启动 NovaLCT 软件，单击 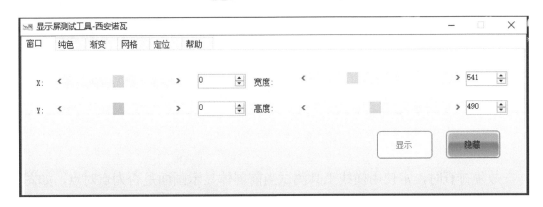 图标，进入测试工具窗口，如图 8-3 所示。

图 8-3　测试工具窗口

① 窗口：通过拖动窗口铺满全屏，可以快速测量显示屏的分辨率大小（显示状态必须为点对点）。测试工具-窗口如图 8-4 所示。

图 8-4　测试工具-窗口

② 纯色：常用于屏体的老化及屏体纯色显示效果测试。

③ 渐变：常用于测试屏体的灰度渐变效果。

④ 网格：可以在屏幕上显示出不同颜色的横、竖、斜线，常用于屏体老化测试。测试工具-网格如图 8-5 所示。

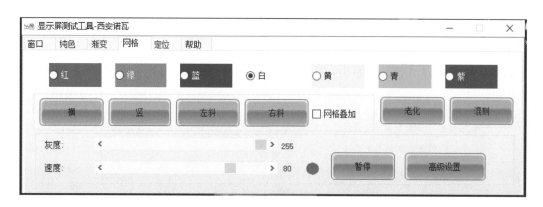

图 8-5　测试工具-网格

在故障排查时，常使用横线工具测试当前屏体显示画面是否为点对点，如图 8-6 所示。未做到点对点显示时，横线的显示效果为单条横线附近会有虚影，甚至有多行 LED 灯被点亮。点对点显示时，横线对应单行 LED 灯，清晰可见。

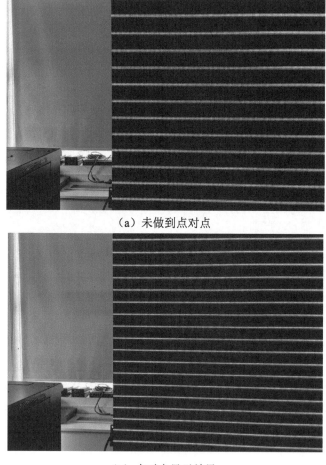

（a）未做到点对点

（b）点对点显示效果

图 8-6　点对点显示效果对比

⑤ 定位：通过手动录入屏体信息，可以在屏体上显示出箱体和模组的位置。此工具常用于确定屏体上某一区域的位置。测试工具-定位如图 8-7 所示。当 LED

显示屏局部发生故障时，可以通过"定位"工具快速找出故障的具体位置。

图 8-7　测试工具-定位

（3）NovaLCT 软件的监控功能。NovaLCT 软件支持实时监控发送卡的工作状态、信号源的连接状态、接收卡温度、电压、连接状态等信息。

启动 NovaLCT 软件，单击![监控]图标进入监控界面，如图 8-8 所示。故障排查时，利用监控功能能够快速获取与屏体状态相关的有价值的信息。

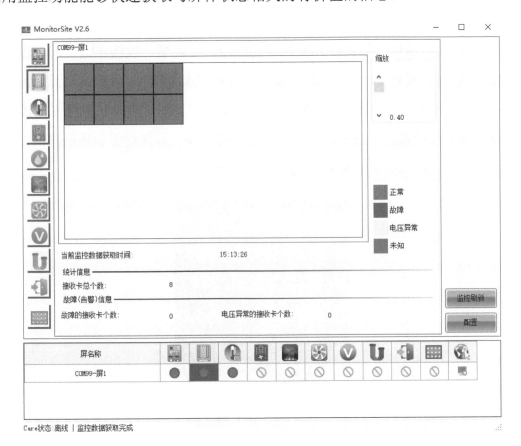

图 8-8　NovaLCT 软件的监控界面

2. 硬件工具

（1）数字万用表。它是 LED 现场作业时最常用的工具之一，常用来测量设备的电压、信号的导通等，数字万用表具有测量精度高、读数直观、功能齐全、使用方便等特点，如图 8-9 所示。不同型号万用表的使用逻辑大同小异，具体操作可能存在细微差别，以下介绍的关于万用表挡位测量的示意图仅供参考。

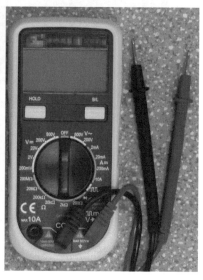

图 8-9　数字万用表

① 交流电压挡位。把转换开关拨动到 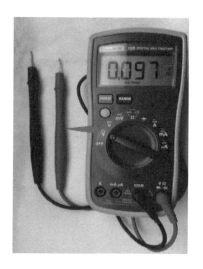 挡，红表笔一般接正极（+），黑表笔一般接负极（–）或者接地（GND）。交流电压挡位如图 8-10 所示。交流电无正负之分，我们日常生活中使用的 220V 市电就是交流电，两个表笔正确插入电源插座孔中即可显示电压数值。**注意**：红、黑表笔不能短接，否则会引起短路跳闸；手不能触摸表笔的金属部分，否则容易造成人身安全事故。

图 8-10　交流电压挡位

② 直流电压挡位。直流电压就是经过电子元器件整流过的电压，一般常见的直流电压有+5V、+12V、+24V、−12V 等。测量时，把转换开关拨到 V 挡，红表笔接测量点，黑表笔接地（GND），屏幕上显示的就是当前测得的直流电压值。直流电压挡位如图 8-11 所示。

③ 电流挡位。把转换开关拨至"A"挡，测量方法：将红表笔插头插到"A"孔中，红表笔和黑表笔分别串联到电路中，即可显示电路中的电流值。电流挡位如图 8-12 所示。一般情况下，很少用到此挡位。

图 8-11　直流电压挡位

图 8-12　电流挡位

④ 欧姆挡位。此挡位是用于测量电阻的，将转换开关拨至"Ω"挡，红、黑表笔分别接到电阻两端的金属部分，屏幕即可显示电阻数值。图 8-13 所示的万用表是自适应测量范围，不需要设置量程。

⑤ 二极管挡位。此挡位用于测量电路中的二极管是否烧坏。将转换开关拨到"Ω"挡，此时按一下"HOLD"按钮，即可切换到二极管挡位。二极管具有单向导通性质，红表笔接正极，黑表笔接负极，则处于导通状态；红表笔接负极，黑表笔接正极，则处于不导通状态。二极管挡位如图 8-14 所示。

图 8-13　欧姆挡位

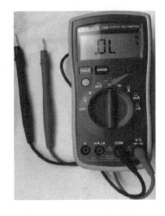

图 8-14　二极管挡位

⑥ 蜂鸣挡位。此挡位主要用于测量电路中是否有短路或者断路的情况。将转换开关拨到"Ω"挡，此时按两下"HOLD"按钮，即可切换至蜂鸣挡位。测量方法很简单，红表笔和黑表笔分别接待测电路的两端，蜂鸣器响，证明线路是通的；蜂鸣器不响，证明线路为开路。蜂鸣挡位如图 8-15 所示。

⑦ 电容挡位。此挡位用于测量电容值。将转换开关拨至"-||-"挡，一般情况下，红表笔接正极，黑表笔接负极，屏幕上显示的数值就是电容值，和电容体上标示的数值大小非常接近。电容测量挡位如图 8-16 所示。

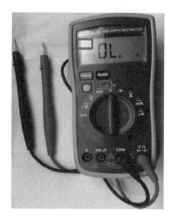
图 8-15　蜂鸣挡位

图 8-16　电容测量挡位

（2）网线测试仪。网线测线仪用于检测网线的通断及线序，常用于一些信号传输不稳定的现场，可以用其排查和定位到具体某根网线的某一路信号传输存在的问题。网线测试仪如图 8-17 所示。市面上的网线测试仪种类较多，其工作原理大致相同，但具体操作可能存在细微差别。下面讲述的网线测试仪的使用方法仅供参考，具体可参考不同厂家的产品说明书。

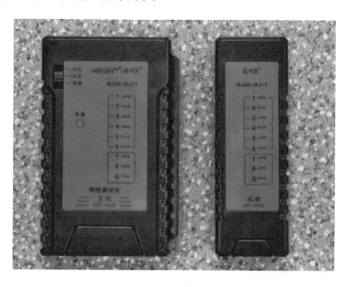
图 8-17　网线测试仪

网线测试仪分为主测试器和远程测试端，在测试时，将待测线缆的插头分别插入主测试器和远程测试端，主测试器指示灯从 1 至 8 按顺序逐个闪亮，如果是屏蔽网线，则主测试器指示灯从 1 至 G 按顺序逐个闪亮，如下所示。

主测试器：　　1—2—3—4—5—6—7—8—G；

远程测试端：1—2—3—4—5—6—7—8—G。

若存在接线不正常的情况，则按如下情况显示。

① 当有一根网线中的子线断路时，则主测试器和远程测试端的对应灯不亮。例如，3 号子线断路，则主测试器和远程测试端的 3 号灯不亮。

② 当一根网线中的几根子线都不通时，则主测试器和远程测试端对应的几个灯都不亮；当网线少于两根子线连通时，所有灯都不亮。

③ 当两头网线线序错乱时，如 2、4 号子线乱序，则会按照如下效果显示。

主测试器：　　1—2—3—4—5—6—7—8—G；

远程测试端：1—4—3—2—5—6—7—8—G。

④ 当网线有两根或两根以上短路时，主测试器显示不变，而远程测试端所有短路对应线号的灯都不亮。

（3）接收卡指示灯。对 LED 显示屏的问题进行定位，还有一种最重要的方法，就是通过控制系统中接收卡指示灯的闪烁状态来判断问题所在。诺瓦星云公司的接收卡指示灯闪烁状态说明如表 8-2 所示。

表 8-2　诺瓦星云公司的接收卡指示灯闪烁状态说明

指示灯	颜色	状态	说明
运行指示灯	绿灯	间隔 1s 闪烁 1 次	接收卡工作正常，网线连接正常，有视频源输入
		间隔 3s 闪烁 1 次	网线连接异常
		间隔 0.5s 闪烁 3 次	接收卡连接正常，无视频源输入
		间隔 0.2s 闪烁 1 次	应用区程序加载失败，进入备份程序工作状态
		间隔 0.5s 闪烁 8 次	网口发生冗余切换，环路备份生效
电源指示灯	红灯	常亮	电源输入正常

▶▶ 8.1.4　解决问题

解决问题是故障排查所有环节中相对来说最简单的一个，通过前期的观察分析包括借助方法和工具定位到了故障问题所在位置之后，解决问题只需要"对症下药"即可。依然以闪屏问题为例，固定位置闪屏的解决方案如表 8-3 所示，全屏随机闪烁的解决方案如表 8-4 所示。

表 8-3　固定位置闪屏的解决方案

现象		可能原因	描述	解决方案
闪屏位置固定	以网口为单位的闪屏	输出网口问题	网口故障	更换网口或发送卡
		网口超出带载	某网口超出带载	重新设计显示屏走线方案
		网线	网线连接松动或质量不佳	重新连接或更换网线
	以接收卡为单位的闪屏	电源	电源供电电压不稳	更换接收卡电源
		网线	该接收卡网线松动或质量不佳	重新连接或更换网线
		接收卡	配置文件错误	从正常接收卡回读后再单独发送
			固件程序版本错误	升级至正确版本
			接收卡硬件故障	更换接收卡
		HUB 转接板	转接板硬件故障	更换 HUB 转接板
	以模组为单位的闪屏	电源	模组电源供电不稳	更换电源线材或更换电源
		HUB 转接板	HUB 转接板接口故障	更换 HUB 接口或更换转接板
		排线	排线松动或质量不佳	重新固定排线或更换排线

表 8-4　全屏随机闪烁的解决方案

现象	可能原因	描述	解决方案
全屏随机闪烁	计算机	显卡输出故障	尝试更换计算机
		显卡输出帧频与发送卡不对应	将显卡与发送卡输出帧频设置一致
	视频线材	连接松动或线材损坏	更换视频线材
	发送卡	输入源接口故障	替换接口或更换发送卡
		主网口输出接口故障	替换网口或更换发送卡
		发送卡硬件问题	更换发送卡
	接收卡	配置文件错误	重新发送正确配置文件
		固件程序版本错误	升级至正确的固件版本
	电源	电源供电不稳	更换电源

8.2　常见问题排查举例

　　LED 显示屏具有亮度高、色域广、尺寸任意拼接等众多优点，但其结构相对复杂，包含多种元器件和多种线材，从而使得排查问题故障节点的难度大大增加。

本节列出了 LED 屏体在使用过程中常见的几大问题，详细介绍了问题现象、常见原因及解决办法。

8.2.1 NovaLCT 软件提示"未检测到发送卡"

1. 问题现象

NovaLCT 软件作为 LED 控制系统的控制软件，需通过控制发送卡完成整个 LED 显示屏的控制。然而有时 NovaLCT 软件会出现"未检测到发送卡"的提示，如图 8-18 所示。软件出现该提示，表示调试用的计算机与发送卡之间的通信出现故障，用户无法通过软件控制 LED 显示屏或进行常规的调试工作。

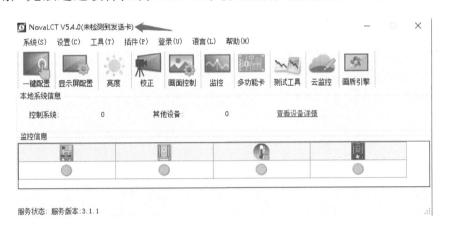

图 8-18　NovaLCT 未检测到发送卡

2. 常见原因

出现这类问题的常见原因有以下 6 种。

（1）发送卡供电异常。

（2）控制线材如 USB 线、网线等未连接发送卡，或连接不稳定。

（3）计算机串口驱动程序未正确安装。

（4）计算机防火墙错误拦截。

（5）计算机串口被占用。

（6）计算机与发送卡的 IP 地址不在同一网段下。

3. 解决办法

对应的解决办法如下。

（1）检查发送卡电源线连接是否正常，检查发送卡开关是否开启。

（2）重新拔插作为控制线材使用的 USB 线、网线等。

（3）进入计算机的"设备管理器"界面，查看菜单栏中是否正常出现通信端口 COM 口，若出现黄色感叹号，表示串口驱动程序未正常安装，则重新安装 NovaLCT 软件，即可解决问题。USB 驱动程序未正常安装如图 8-19 所示。

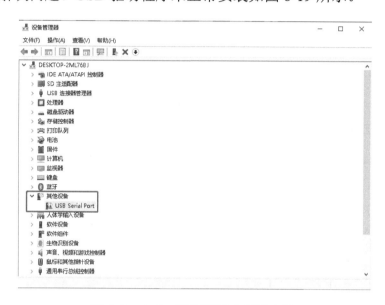

图 8-19　USB 驱动程序未正常安装

（4）尝试关闭计算机防火墙，或将 NovaLCT 软件添加至计算机防火墙白名单。

（5）进入计算机的"设备管理器"界面，在对应 USB 端口处单击"属性"选项，找到被占用的端口并重新修改端口名。USB 端口号被冲突占用如图 8-20 所示。

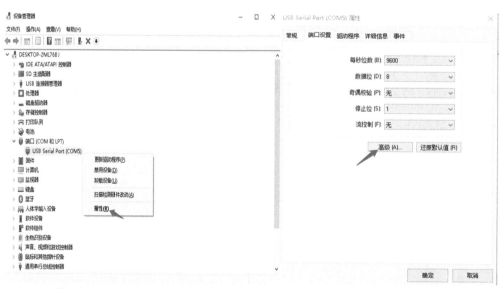

（a）找到 Port 端口，单击"属性"选项　　　（b）打开高级端口设置功能

图 8-20　USB 端口号被冲突占用

（c）修改为未被占用的端口号

图 8-20 USB 端口号被冲突占用（续）

（6）观察发送卡前面板的 IP 地址。发送卡 IP 地址查看如图 8-21 所示。

图 8-21 发送卡 IP 地址查看

通过观察得知，发送卡的 IP 地址为"192.168.0.10"，进入计算机网络连接设置对话框中，更改以太网属性，选择"Internet 协议版本 4（TCP/IPv4）"选项进入新一级属性菜单，将计算机的 IP 地址设置为"192.168.0.X"（X 可以为 1～255 中任何值，10 除外，因为 10 已经被发送卡占用），此处我们以"192.168.0.15"举例，如图 8-22 所示。

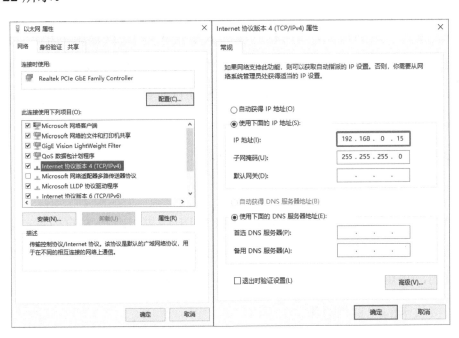

图 8-22 以太网属性及固定 IP 地址更改

更改完成后，便可在软件中正常连接至发送卡设备。

8.2.2　LED 显示屏亮度不一致

1. 问题现象

LED 显示屏是由多个 LED 箱体或 LED 模组等组成单元拼接而成的，故其具有尺寸任意拼接、不受常规分辨率限制的优势。但这种拼接方式也会带来各组成单元的显示亮度可能与其他区域不同的风险。LED 显示屏亮度不一致如图 8-23 所示，影响用户的观看体验。

图 8-23　LED 显示屏亮度不一致

2. 常见原因

解决此类问题首先要明确 LED 显示屏的组成结构。LED 显示屏一般由 LED 模组或 LED 箱体组成，而 LED 箱体由 LED 模组、排线、接收卡、电源、供电线材组成，且 LED 箱体之间使用网线互相连接，LED 模组之间由排线连接。

在遇到亮度不一致的问题时，应首先观察问题区域的特点，以及问题区域的位置、大小是否有一定的共性，如问题区域的大小是否以 LED 模组为单位大小出现，或以 LED 箱体为单位大小出现，或以单根网线带载的所有 LED 箱体单位大小出现，或以单根电源线带载的所有 LED 箱体或 LED 模组单位大小出现等。通过寻找共性和特点可以快速判断出现问题的原因。

LED 显示屏亮度不一致的常见原因有以下 5 种。

（1）电源供电异常。

LED 灯是由电流驱动的，其明暗程度也和电源供电有很大的关系，若某些模组的供电电压不足，则该模组呈现出来的亮度会比其他模组暗。这可能是电源本身故障导致的，也可能是该块模组的硬件出现了问题。

（2）接收卡的配置信息不同。

接收卡的配置信息不同包括亮度信息不同、接收卡配置文件不同、接收卡固件程序不一致、校正系数开关状态不同、校正系数异常等。NovaLCT 软件内的某些参数配置会影响屏体亮度，若接收卡配置文件中的亮度有效率不同，则亮度就会不一致。若因为误操作导致发送了不同的配置参数到 LED 屏体上，自然会影响亮度一致性。亮度有效率不同导致亮度不一致如图 8-24 所示。

（a）亮度有效率为 77.58%

（b）亮度有效率为 74.84%

图 8-24　亮度有效率不同导致亮度不一致

（3）存在不同型号的接收卡。

不同型号的接收卡的处理算法会有差异，即使同一型号的接收卡的不同固件版本也会略有不同，所以在一块 LED 显示屏中尽量使用同一种接收卡，否则就会出现屏体显示亮度不一致的现象。

（4）存在多批次箱体或模组。

因 LED 灯珠生产时的差异性较大，不同批次生产的灯珠、模组或箱体，在混搭拼接时可能会导致不同的亮色度差异。多批次模组导致亮色度不一致如图 8-25 所示。

图 8-25　多批次模组导致亮色度不一致

（5）存在新更换的 LED 模组。

随着 LED 显示屏工作时长的不断累积，LED 灯珠会出现一定的老化现象，导致亮度出现一定的衰减，而新 LED 模组未经过老化，故亮度会显得更高一些。

3. 解决办法

（1）使用万用表测量电源电压是否正常，若不正常可尝试更换电源线或电源盒，或者更换备品模组。

（2）重新调节 LED 显示屏亮度值，给所有接收卡发送相同的接收卡配置文件，查看并升级统一的接收卡固件程序，将校正系数开关设为统一开启或统一关闭。

（3）更换接收卡，统一 LED 显示屏使用的接收卡型号。

（4）使用 NovaLCT 软件中的"多批次调节"功能，对不同批次的箱体或模组进行效果改善。

（5）使用校正技术对新模组进行校正。

8.2.3 显示屏无法拼接成一个完整的画面

1. 问题现象

LED 显示屏无法拼接成一个完整的画面，其故障现象一般分为两类：一是显示画面重复，如图 8-26 所示；二是显示画面错乱，如图 8-27 所示。

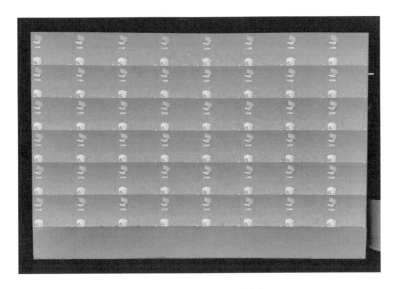

图 8-26 显示画面重复

（a）箱体间显示画面错乱　　　　　　　　（b）箱体内显示画面错乱

图 8-27 显示画面错乱

2. 常见原因

（1）显示画面重复问题。此类问题大多数与 NovaLCT 软件中的显示屏连接功能有关。显示屏连接错误如图 8-28 所示。可能的原因有两种：第一种是未配置 NovaLCT 软件中的显示屏连接功能；第二种是 NovaLCT 软件中的显示屏连接界面的输出口序号设置错误。

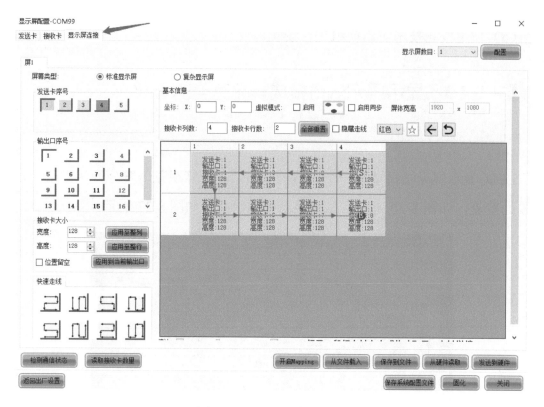

图 8-28　显示屏连接错误

（2）显示画面错乱问题。此类问题可能与 NovaLCT 软件中的显示屏连接功能有关，也可能与接收卡配置文件或固件程序有关。可能的原因有以下三种。

① NovaLCT 软件中的显示屏连接设置与实际网线连接不符。

② 接收卡配置文件不正确。

③ 接收卡固件程序错误。

3. 解决办法

（1）显示画面重复问题：

① 按照实际的网线连接方式与接收卡大小（箱体分辨率），依正视图配置显示屏连接功能。

② 修改显示屏连接输出口序号的设置，重新配置显示屏连接功能。

（2）显示画面错乱问题：

① 修改显示屏连接输出口序号的设置，重新配置显示屏连接功能。

② 发送正确的接收卡配置文件至所有的接收卡。

③ 检查接收卡固件程序版本，升级正确的固件程序至所有接收卡。

8.2.4　显示屏黑屏问题

1. 问题现象

LED 显示屏的黑屏现象一般可分为两种情况：一是整屏黑屏，如图 8-29 所示；二是部分区域黑屏，如图 8-30 所示。

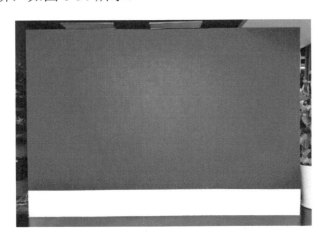

图 8-29　显示屏整屏黑屏

　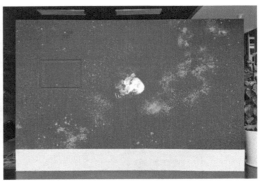

（a）某网口连接区域黑屏　　　　　　　　（b）某箱体区域黑屏

图 8-30　显示屏部分区域黑屏

2. 常见原因

（1）LED 显示屏整屏黑屏。解决此类问题仍要从 LED 显示屏的基本结构开始思考。若出现 LED 显示屏整屏黑屏的问题，一般与某根单独的网线或某个单独箱体无关，问题应出现在可控制显示屏整体显示的节点上，如发送卡、屏体的供电等。

常见的原因有：

① LED 显示屏供电电源问题，未通电或供电电压不足。

② 发送卡未通电，视频源接口损坏，或当前视频源选择错误。NovaLCT 软件

中的视频源选择错误如图 8-31 所示。

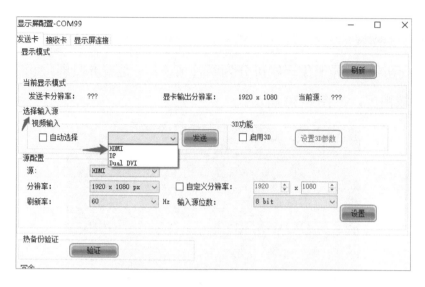

图 8-31　NovaLCT 软件中的视频源选择错误

③ 错误设置了 NovaLCT 软件的部分信息，如亮度被调至 0%，或开启了"画面控制"中的"黑屏"显示等。NovaLCT 软件被设置为黑屏显示如图 8-32 所示。

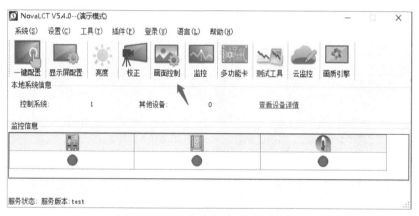

（a）NovaLCT 软件中的画面控制功能

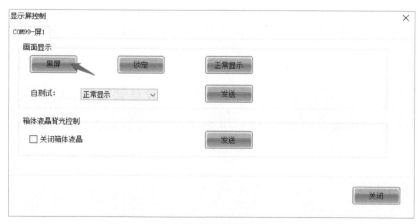

（b）被设置为黑屏显示

图 8-32　NovaLCT 软件被设置为黑屏显示

④ 视频源此时显示为黑色画面，如笔记本电脑进入息屏状态，或视频源线材未连接。

⑤ 接收卡配置文件错误，或固件程序版本错误。

（2）LED 显示屏部分区域黑屏。若出现 LED 显示屏部分区域黑屏的问题，则首先需要确定黑屏的区域是否有一定的规律，如某个模组区域、某个箱体区域、某根网线带载区域、某根电源线带载区域等。

常见的原因有：

① 模组问题，如排线连接不稳、模组供电不足、HUB 转接板接口异常等。

② 箱体问题，如接收卡故障、接收卡配置文件或固件程序错误、网线连接问题等。

③ 网线问题，若某根网线断开连接，则其后续连接的全部箱体均因无信号而黑屏。

④ 电源线问题，若某根电源线断开，则其后续连接的全部箱体均因未供电而黑屏。

3．解决办法

（1）LED 显示屏整屏黑屏对应的解决办法如下。

① 查看 LED 显示屏的接收卡中的红色指示灯，如果红灯常亮，则说明供电正常。

② 检查发送卡供电情况，并检查发送卡此时的视频源输入线材，确保 NovaLCT 软件中的视频源选择正确。

③ 打开调试软件调节亮度，并打开画面控制功能选择"正常显示"选项。

④ 检查视频源线材连接状态，可尝试更换视频源计算机。

⑤ 找到或重新制作正确的接收卡配置文件，并升级正确统一的接收卡固件程序版本。

（2）LED 显示屏部分区域黑屏对应的解决办法如下。

① 将正常模组和异常模组交换位置，判断是否为模组问题；同理，交换供电电源线、排线、HUB 转接板接口等判断问题位置。

② 查看接收卡指示灯，确保供电正常；重新发送正确的配置文件，确保所有

接收卡固件程序正确；将正常接收卡与异常接收卡交换位置，判断是否为接收卡硬件问题。

③ 交换正常网线和异常网线，判断是否为网线连接问题。

④ 交换正常箱体处的电源线和异常箱体处的电源线，判断是否为电源供电问题。